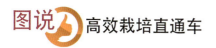

图说 鲜食葡萄
栽培与周年管理

孟凡丽 编著

机械工业出版社

本书先介绍了鲜食葡萄的栽培技术,包括概述、优质丰产的葡萄品种、葡萄育苗技术、葡萄科学建园、葡萄整形修剪等内容;后又以物候期为序,介绍了鲜食葡萄周年管理技术,主要对葡萄伤流期、萌芽期、新梢生长期、开花期、浆果生长期、浆果成熟期和落叶期等方面的各项栽培管理技术进行了全面的介绍,内容丰富,文字精练,穿插"知识窗"等小栏目,通俗易懂,实用性强。

本书可供广大果农及相关技术人员使用,也可供农林院校相关专业的师生阅读参考。

图书在版编目(CIP)数据

图说鲜食葡萄栽培与周年管理:全彩版/孟凡丽编著. —北京:机械工业出版社,2017.8
(图说高效栽培直通车)
ISBN 978-7-111-57789-8

Ⅰ.①图… Ⅱ.①孟… Ⅲ.①葡萄栽培-图解
Ⅳ.①S663.1-64

中国版本图书馆 CIP 数据核字(2017)第 203665 号

机械工业出版社(北京市百万庄大街22号 邮政编码100037)
策划编辑:高 伟 责任编辑:高 伟 张 建
责任校对:张 力 责任印制:李 飞
北京利丰雅高长城印刷有限公司印刷
2017年9月第1版第1次印刷
148mm×210mm·6印张·207千字
0001—4000册
标准书号:ISBN 978-7-111-57789-8
定价:39.80元

凡购本书,如有缺页、倒页、脱页,由本社发行部调换

电话服务	网络服务
服务咨询热线:010-88361066	机工官网:www.cmpbook.com
读者购书热线:010-68326294	机工官博:weibo.com/cmp1952
010-88379203	金 书 网:www.golden-book.com
封面无防伪标均为盗版	教育服务网:www.cmpedu.com

前言

新鲜葡萄是供人们直接"进口"的新鲜果品，美味可口，富含营养成分，有较好的医疗保健功效，享有"天然氨基酸食品""心血管清道夫""预防细胞癌变卫士"等美誉。它是一种外观与风味俱佳、营养丰富的果品，还可加工成葡萄酒、葡萄汁和葡萄干等多种制品，深受广大消费者青睐。

成熟的葡萄浆果一般含有15%~25%的葡萄糖和果糖，少量的蔗糖和没食子酸、草酸、水杨酸等有机酸，0.15%~0.9%的蛋白质，0.3%~1%的果胶，0.3%~0.5%的钾、钙、钠、磷、锰等无机盐类，还含有维生素A、维生素B_1、维生素B_2、维生素B_6、维生素B_{12}、维生素C、维生素P、维生素PP、肌醇，以及人体所必需的精氨酸、色氨酸等10余种氨基酸。日食100g新鲜葡萄，可满足人体一天所需要钙量的4%、镁量的1.6%、磷量的0.12%、铁量的16.4%、铜量的2.7%和锰量的16.6%。1L葡萄汁相当于1.7L牛奶，或650g牛肉、1kg鱼、300g奶酪、500g面包、3~5个鸡蛋、1.2kg马铃薯、3.5kg番茄、1.5kg苹果（或梨、桃）分别产生的热量。葡萄干含有65%~77%的葡萄糖和果糖，每1kg葡萄干的热量达13598.0~14225.6J。用葡萄酿造的各种葡萄酒和白兰地，含有多种维生素、有机酸及对人体有益的无机盐类。

葡萄鲜果及其制品中富含多种维生素，特别是维生素B_{12}、维生素PP、肌醇，有益于防治人体贫血等疾病，并具有降低血脂、软化血管的功效。近期研究表明，在含有白芦藜醇的已知植物中，葡萄中的含量最为丰富，该物质对环氧合酶及过氧化氢酶催化合成产物所诱发的皮肤癌等癌症有抑制作用，另外其因可调节胆固醇和抗血小板凝聚，而对心血管病具有明显的预防作用和辅助治疗效果。此外，葡萄鲜果及其制品还具有抑制病毒活性的能力。

本书通过200余幅彩图，介绍了鲜食葡萄关键生产技术，并在传统技术规范的基础上，编录了近年出现的新品种和新技术，供读者参阅。在编写内容上力求从果农的实际需要出发，以生产实用技术为主，将理论知识和技术操作有机结合；以果树的物候期进展顺序为依据，重点突出周年生产管理技术。在编写体例上力求新颖，设置了"知识窗"等小栏目，使版面变得新颖、活泼。本书的出版将有助于我国鲜食葡萄的栽培及管理，对实际生产有一定的指导意义。

需要特别说明的是，本书所用药物及其使用剂量仅供读者参考，不可照搬。在实际生产中，所用药物学名、常用名与实际商品名称有差异，药物浓度也有所不同，建议读者在使用每种药物之前，参阅厂家提供的产品说明书，科学使用药物。

在编写过程中作者查阅了相关的著作和文献，在此向提供参考文献的众多研究者表示由衷的感谢。由于时间仓促，书中不当之处在所难免，恳请广大读者见谅并批评指正，在此深表感谢！

编著者

目 录
Contents

前言

第一章 概述

一、我国葡萄栽培现状 …………………………………………… 1
二、葡萄发展趋势 ………………………………………………… 2
三、我国葡萄产业存在的问题 …………………………………… 4
四、我国葡萄产业的发展对策 …………………………………… 5

第二章 优质丰产的葡萄品种

一、葡萄品种选择原则 …………………………………………… 7
二、葡萄品种类别 ………………………………………………… 7
三、优良品种 ……………………………………………………… 8

第三章 葡萄育苗技术

一、普通扦插繁殖（硬枝扦插）………………………………… 28
二、快速扦插育苗 ………………………………………………… 34
三、嫁接育苗 ……………………………………………………… 36

第四章 葡萄科学建园

第一节 我国葡萄栽培区域 ……………………………………… 41

第二节　园地的规划 ··· 44
　　一、园地规划设计 ··· 44
　　二、葡萄品种选择 ··· 45
　　三、葡萄园的建立 ··· 46
　　四、葡萄架式 ··· 56
　　五、葡萄定植当年管理 ··· 59

65　第五章　葡萄整形修剪

　　一、葡萄常用的树形 ··· 65
　　二、葡萄整形修剪的原则 ··· 68
　　三、葡萄主要树形整形过程 ··· 68
　　四、几种主要修剪方式 ··· 76

78　第六章　鲜食葡萄周年管理技术

第一节　伤流期 ··· 78
　　一、出土上架前准备工作 ··· 78
　　二、出土上架 ··· 79
　　三、冻害的补救措施 ··· 82
　　四、土肥水管理 ··· 85
　　五、病虫害防治 ··· 87
　　六、其他管理 ··· 88
第二节　萌芽期和新梢生长期 ··· 90
　　一、整形修剪 ··· 93
　　二、土肥水管理 ··· 100
　　三、病虫害防治 ··· 102
第三节　开花期 ··· 104
　　一、新梢管理 ··· 106

二、无核化处理 …………………………………… 110
　　三、土肥水管理 …………………………………… 112
　　四、病虫害防治 …………………………………… 113
　第四节　浆果生长期 …………………………………… 115
　　一、新梢管理 ……………………………………… 116
　　二、促进浆果膨大 ………………………………… 117
　　三、疏果 …………………………………………… 118
　　四、果穗套袋 ……………………………………… 120
　　五、土肥水管理 …………………………………… 123
　　六、病虫害防治 …………………………………… 124
　　七、防止日灼 ……………………………………… 125
　第五节　浆果成熟期 …………………………………… 130
　　一、土肥水管理 …………………………………… 131
　　二、葡萄裂果的原因及预防 ……………………… 132
　　三、新梢摘心及绑梢 ……………………………… 135
　　四、防止鸟害 ……………………………………… 135
　　五、摘袋 …………………………………………… 136
　　六、采收和储藏保鲜 ……………………………… 137
　第六节　落叶期 ………………………………………… 150
　　一、土肥水管理 …………………………………… 150
　　二、清园 …………………………………………… 151
　　三、整形修剪 ……………………………………… 152
　　四、越冬防寒 ……………………………………… 158

附录

附录A　东北地区葡萄园作业历（辽宁兴城） ………… 162
附录B　华北地区葡萄园作业历（北京） ……………… 165
附录C　华中地区葡萄园作业历（一）（河南郑州） …… 168

附录 D　华中地区葡萄园作业历（二）（湖南长沙） …………… 170

附录 E　西北地区葡萄园作业历（甘肃兰州） …………………… 173

附录 F　华东地区葡萄园作业历（上海） ………………………… 175

附录 G　华南地区葡萄园作业历（福建福州） …………………… 177

附录 H　常用计量单位名称与符号对照表 ………………………… 179

181　参考文献

第一章 概　述

葡萄栽培在我国已有数千年的历史，是我国果树中的大树种之一。近年来，我国葡萄种植业发展迅速，在世界葡萄产业中占有一定位置。

一、我国葡萄栽培现状

1. 品种

我国葡萄品种非常丰富，除原有国内的优良品种外，近年还引进了许多鲜食品种。有果粒大、优质色艳的品种（如红地球），不仅在国内销售，还可直接销往国外；有无核品种及有核品种通过无核化技术得到的无核品种；有新奇特的、外观好的、口感好的品种；有耐储运的品种；还有制干的葡萄品种，其主要分布在新疆、内蒙古和宁夏。

2. 砧木

19世纪末，葡萄根瘤蚜给欧洲葡萄产业带来毁灭性的灾难，后来由于采用了砧木，才使葡萄种植业得以发展。在我国，也有根瘤蚜而且对我国葡萄产业造成了危害。我国葡萄园多为直插建园，没有足够重视砧木的使用，目前只有东北地区使用贝达作为抗寒砧木，酿酒葡萄刚刚开始重视砧木的使用。葡萄砧木的功能也是多样的，如抗旱、抗病、耐盐、耐湿等。选择适应各种不良环境的砧木是今后葡萄种植业发展中应得到足够重视的方面。

3. 设施栽培

我国土地资源少，且水资源匮乏，而设施栽培可充分利用光能，并且节水、环保、提高土地利用率，如中国西部提出了"阳光工程"。设施栽培的种类有促成栽培、延迟栽培、避雨栽培等。

4. 有机栽培

我国鲜食葡萄品种数量很多，但出口数量不多，反而有相当的进口数量。其原因是与施用化肥、农药有关。目前人们开始重视环保，提倡有机栽培，不使用农药，定量施用有机肥。欧洲提出在有机栽培基础上酿造有机葡萄酒，这就要求尽可能不使用农药、化肥。

5. 旱作栽培

我国北方地区,多为淡水匮乏地区。葡萄虽然属于深根节水作物,但也有一定的需水量。葡萄节水栽培,保证幼树期用水,到成树时采用"雨养",而不进行人工灌水,这样可大大节省淡水,降低栽培成本。在盐碱地上种植葡萄的地区,可采用混合(盐、淡)水灌溉,以达到节水目的。

6. 调控技术

在整个葡萄种植过程中,可应用多种方法调控葡萄的生长、发育、成熟。化学方法中,应用石灰氮(氰氨化钙)可促进葡萄萌芽,解决葡萄休眠不足的问题;不同剂量的赤霉素在不同时期使用,能够拉长果穗、增长果粒,使葡萄提早成熟,还可使有核品种无核化;用矮壮素和多效唑控制新梢徒长,促进花芽分化;用乙烯利促进果实着色与成熟;用BTOA(2-苯脙基乙酸)延迟果实成熟;用光呼吸抑制剂($NaHSO_3$)提高净光合速率,提高果实品质。物理方法中,通过控制白天光照、夜里降温,可延迟葡萄生长或促进休眠;套袋可防止果实污染与着色;用反光膜增加光照,促进葡萄光合作用。

7. 葡萄种植园经营模式

(1)旅游观光型 在城市近郊的葡萄种植园,着重服务于集体、家庭或个人,可提供住宿,可娱乐休闲,可采摘品尝,再辅以餐饮等。此种模式很受城市人青睐。

(2)酒庄型 目前葡萄酒消费人群日益扩大,且消费观念正向健康饮酒、科学饮酒转变。有的酒厂有自己的葡萄种植基地,完全用自己的优质葡萄,精心酿造高质量的葡萄酒,打造自己的品牌,创造效益。

8. 采收、包装、运输、储藏、销售

果农组织按照协会要求,统一葡萄生产标准,采收精细,包装精美。依据市场不同要求采用不同包装,按一般销售和礼品销售分等级采用不同的包装,分级定价。采收后及时进入冷库储藏以保鲜。运输时采用专用制冷车或用亚冷温等现代运输方法。

二、葡萄发展趋势

1. 重视砧木的使用

我国很多地方的葡萄栽培使用直插苗或直插速育苗法,使用砧木栽培的地区很少。东北地区较寒冷,为提高植株抗寒力,减少防寒费工的问题,可采用贝达作为砧木。除东北外的其他地区,多使用扦插的栽培方法,而国外葡萄栽培均用砧木嫁接苗。我国最近几年在一些地区发现了根瘤蚜为

害的情况，而且有的已经毁园，这给我国葡萄产业发出了信号，如果不重视砧木的使用，将来有可能出现严重的灾害。砧木有抗寒、抗虫、抗病、耐湿、耐盐、耐干旱等作用不同的类型，有的砧木可防治根瘤蚜；抗寒砧可提高寒冷地区葡萄的越冬能力，抗旱砧木的葡萄可以进行旱作栽培，不灌水或少灌水；耐瘠薄的砧木，可使葡萄不与粮食作物争土地；耐盐砧木，可充分利用盐碱地种植葡萄；用抗病虫砧木，可减少农药使用等。

2. 提倡有机栽培

无论是酒用，还是鲜食葡萄，都要控制产量，产量与质量成反比，产量越多往往不能保证质量。产品即是商品，不仅在栽培上要增强质量意识，在采收、包装、运输、储藏环节都要注意，这样我国葡萄才能走向世界。绿色食品分A级和AA级。AA级即相当于国外所提倡的有机产品，今后将是一种潮流，要求从生产环境到餐桌进行全程控制，确保食品安全，不能有任何污染，栽培标准化，品种要名品高档化。北京房山区雾岚山脚下的北京波龙堡葡萄酒业有限公司生产的葡萄酒已成功打入法国市场；辽宁省铁岭市清河区葡萄种植大户王文选种植的葡萄，已得到欧洲有机葡萄的认证。

3. 发展设施栽培

设施栽培是当今葡萄栽培中一种综合技术应用的模式，又是促进栽培区域化的手段。我国南部高温、多湿，适于避雨栽培；北部低温、寒冷，适于温室栽培。创造人为的生态环境栽培葡萄，使葡萄提早成熟，或延后成熟；有的品种由不能栽培做到可栽培，并能保证质量；有的品种还能一年两收；有的园区除栽培葡萄外，还可综合利用设备进行多种模式间作。设施栽培中的多项技术，如光与热、光与气、光与肥、热与湿及栽培架式、品种、产量、成熟期调节、栽培管理等，应该综合应用，而且还要进一步研究。

4. 注重产地酒庄的建设

国外葡萄产业中葡萄酒占据主要位置，葡萄酒分现代化工业葡萄酒和农庄式、酒堡、酒庄、酒窖等小型工艺葡萄酒。在自家农场果园中自产的原料，使用具有自己特点的工艺酿造葡萄酒，称之为产地葡萄酒。法国波尔多地区就有上千家这种酒厂，法国许多产地著名的品牌葡萄酒不是产自于大工业生产，而是产自于酒庄、酒堡中。我国近代葡萄酒产业建立之初，都是引进国外先进设备，在城市中建设，原料由分散的农户提供。我国葡萄酒产业最缺的是普及葡萄酒文化与葡萄酒消费大众化，我国人均葡萄酒消费不到1L，而法国、意大利、西班牙这些国家，人均年消费葡萄酒在

40~60L。我国葡萄酒在整个酒精饮料行业年产3000万t以上的只占1%,比重太少了。作为葡萄种植大国,我们要重视现代化葡萄酒厂的建设,同时也应重视酒庄的建设。葡萄酒生产应是城市与农村结合,大、中、小规模相结合。我国的葡萄酒产业发展潜力很大,应大力提倡鼓励产地自酿葡萄酒。

三、我国葡萄产业存在的问题

1. 葡萄种苗繁育及苗木生产技术落后

葡萄种苗繁育体系建设滞后和苗木生产、命名及销售秩序混乱,是我国当前葡萄生产上的突出问题。葡萄种苗命名混乱,有的葡萄种苗经营者为了迎合葡萄生产者对葡萄品种新、奇、特的需要,将国内育成的或从国外引入的葡萄品种不经过任何程序,随意更改葡萄品种名称,造成了葡萄品种的混乱,为葡萄产业的健康发展留下隐患。葡萄种苗繁育体系不全,我国苗木繁育以个体经营为主,少有正规的、规模化的葡萄苗木公司,葡萄种苗的生产和管理也缺乏有力的监督,苗木质量差,品种纯度低。

2. 生产区域化程度不高,产品同质化严重

世界许多国家都很重视葡萄和葡萄酒生产的区域化工作,即在一定的产区栽培一定的葡萄品种,生产一定类型的葡萄酒。我国一些学者也进行了相关方面的研究,在一些省区及一些酒用品种的葡萄气候区划研究方面取得了良好进展,但在鲜食葡萄品种区划方面的系统研究较少,不能给葡萄种植者提供完整的科学决策依据和正确指导。加之我国地理气候复杂,区划结果往往与实际情况不符,大量葡萄园分布在非适宜种植区域。另外,种植者盲目"追风"种植,葡萄生产往往出现"一哄而上"的无序发展局面,导致葡萄品种过于单一和品种结构不合理,终因盲目发展而失败。酿酒品种单一化现象造成了葡萄酒种类单一,产品缺乏特色,同质化严重,市场竞争激烈。

3. 葡萄产品质量和安全问题

产品质量及安全是葡萄产业的生命线,近年来我国在葡萄和葡萄酒的质量及安全方面虽然有了很大进展,但面对进入国际市场,产品质量仍然是最为突出的问题。

在鲜食葡萄生产上,尚未实现严格的标准化管理,栽培技术落后,管理方式较为粗放,葡萄品质不达标。近年来大量应用植物生长调节剂,以及盲目追求葡萄早熟和大粒化,使果实含糖量降低,对鲜食葡萄品质产生十分不良的影响。很多葡萄种植者缺乏商品意识和质量观念,单纯追求高产量，忽视果品质量，造成葡萄着色不良、果穗果粒不整齐、含糖量低，品质差。在产品质量安全上，不规范使用农药、化肥和一些新的生产资料，造成部分地区葡萄农药、重金属污染及农药残留超标。在葡萄酒生产上，一些企业由于葡萄酒原料质量欠佳，而在酿造过程中添加各种添加剂，从而严重影响了葡萄酒品质。

4. 产后处理及流通环节薄弱

目前，国外对葡萄产后的处理环节非常重视，注重分级、加工、包装、储藏、保鲜，以提高产品的商品性，在发达国家80%的鲜果产品是通过产后保鲜、储运、加工再进入市场的。与国外相比，我国虽然是世界葡萄生产大国，但在采后商品处理上却远远落后于世界先进水平。我国鲜食葡萄包装质量较差，商品性不如美国或其他发达国家。流通更是制约我国葡萄产业发展的瓶颈所在，全国葡萄流通销售网络十分薄弱，农民的葡萄销售多数仍为个体经营为主体，国内葡萄营销一直缺乏一个统一的组织和网络。

5. 葡萄产业管理体制脱节

世界主要葡萄生产国的葡萄生产和产后加工、流通都归农业部门统一管理，从而形成葡萄产前、产后及流通之间的有机衔接。但在我国葡萄生产、产后加工和销售流通分属不同的部门管理，管理体制上的分离给统一调控与管理带来诸多不便，甚至形成葡萄生产和产后加工、流通之间的脱节与不协调。

四、我国葡萄产业的发展对策

1. 改革现行苗木繁育体制，建立良种苗木和抗性砧木繁殖中心

嫁接和无病毒繁育体系要求：加强葡萄品种命名的管理，认真执行农业部《果树种子苗木管理暂行办法（试行）》（1990-02-06发布，1997-12-25修订），未经审定通过的品种不得推广。加强葡萄种苗繁育体系建设，建立有利于葡萄健康发展的苗木标准，实施苗木生产许可证制度，制定苗木生产实施严格的流通监管体系，建立葡萄良种苗木和砧木繁殖中心，建立无病毒苗木采穗园，加强葡萄砧木嫁接苗的研究和利用。

2. 继续优化葡萄品种结构和布局

发展鲜食葡萄生产一定要根据本地区的生态气候条件，对葡萄生产进行全面的科学布局和品种区域化种植。葡萄方面，做到"适地适栽，因地制宜"，确定当地适宜的优良葡萄品种，大力发展品质好、抗病性强、耐储运、效益高的名优新品种。葡萄酒方面，应重点发展类型多样的优良酿酒葡萄品种，科学调整和规划酿酒葡萄品种的区域化布局，调整酿酒葡萄品

种结构,开发各种类型的葡萄酒,丰富产品种类,克服同质化现象,提高葡萄酒品质,在满足国内市场的同时,稳步扩大葡萄酒出口。

3. 实施规范化生产和标准化管理,提高产品质量和安全

当前在鲜食葡萄生产上,要非常重视产品的质量和安全,科学合理地使用各种农药和化肥,慎重使用激素类物质;以限产、提质、节本、增效为目标,严格控制单位面积产量。实施葡萄生产标准化、科学化、规范化管理,采用平衡施肥、综合防控病虫害、简化修剪等技术,促进葡萄园的机械化,降低管理成本,提高葡萄的质量和安全水平;采用综合农业栽培技术,生产符合国际标准的高档优质产品。

在葡萄酒生产上,要从重视原料质量抓起,全面贯彻新的葡萄酒生产技术规范,走中国自己的路,创出地方特色,防止葡萄酒种类和品种的同一化,形成有竞争力的中国葡萄酒产品新格局。

4. 提高果品采后管理水平,不断完善葡萄产业链

不断发展葡萄储藏保鲜和加工业,解决葡萄保鲜储藏和包装运输上的一些重大技术问题,统一生产标准,采收精细,包装精美,分级定价,采后及时进入冷库储藏,延长葡萄供应期,拉长产业链条。增加葡萄的综合效益,建设、完善良好的市场流通环节,改变分散零星的小生产模式,建立适应国际化大生产的新模式,开拓更为广泛的国际市场,扩大我国葡萄产品在国际市场上的知名度和占有率。

5. 加强管理体制建设,提高产业化水平

加强葡萄科技创新能力。开展科技创新,提高葡萄产业的科技支撑能力,如优良鲜食葡萄品种的选育、多抗葡萄砧木的选育、葡萄砧木嫁接栽培技术体系、葡萄栽培优势产区的规划、葡萄质量和安全的控制和追溯体系、葡萄简易防寒技术、平衡施肥技术、葡萄绿色储运等。重视资源创新、品种创新,加快开发新品种、新技术和新工艺。利用葡萄酒产业,带动发展专业化生产、社会化服务、规模化经营,推进农业产业结构的调整、优化和升级,使葡萄生产在规模、质量、集约化程度上有很大提高,进一步推动农业产业化的进程。建立公共资讯和专业咨询系统,建立健全市场信息服务体系,组建国家级葡萄产业信息网,为葡萄产业提供全方位的信息服务。

第二章 优质丰产的葡萄品种

一、葡萄品种选择原则

全世界登记的葡萄品种有上万个,我国葡萄品种有千余个,但在生产上,广泛用于鲜食栽培的葡萄品种不过几十个。品种不同,管理成本也不同,其商品价值和经济效益差距也很大,因此如何科学合理地选择葡萄品种是发展葡萄生产时需首要考虑问题。葡萄品种选择不当会直接影响产品的销售和生产者的经济效益,严重时会造成巨大损失,甚至导致生产失败。品种选择时应遵循以下原则:

(1) **根据栽培区域的环境条件选种** 我国南方地区和北方东部半湿润地区,可以通过避雨栽培方式,选择抗病性差的欧亚种葡萄;西部干旱、半干旱年降雨量少的地区,若有灌溉条件,可以选择大部分鲜食葡萄品种栽培;北方一些气候冷凉地区,通过设施防寒技术可以栽植一些晚熟的优良品种。

(2) **根据葡萄适应性选种** 欧亚种葡萄喜欢较为干燥、冷凉的气候,在潮湿的环境条件下容易发生病虫害,且果实品质也较差;欧美杂交种、美洲种和部分中国野生种的抗病、抗湿热能力较强,但多数品种的品质稍逊于欧亚种。

(3) **根据市场需求选种** 鲜食葡萄主要选择果穗、果粒美观、风味好、耐储运的品种,当前市场中最受欢迎的是大粒优质、浓玫瑰香味、无核这3类葡萄品种;制汁品种可选用康可、黑贝蒂、柔丁香等优质品种。

(4) **根据当地科技、经济条件选种** 经济条件较差的地区,可先选择管理容易、品质优良、丰产性好、投资较少的葡萄品种,待有一定的经济条件和管理水平后,再选择其他高档葡萄品种。

二、葡萄品种类别

葡萄品种按照不同的分类方法可分为不同的类别。

（1）**依据来源**　分为欧亚种、美洲种、欧美杂交种、欧山杂交种。

（2）**依据果实用途**　分为鲜食品种、酿造品种、制汁品种、制干品种、制罐品种。

（3）**依据果实内有无种子**　分为有核品种和无核品种。

（4）**依据生长期和果实成熟期**　分为早熟品种（从萌芽到果实成熟的天数为100~130天）、中熟品种（从萌芽到果实成熟的天数为130~150天）、晚熟品种（从萌芽到果实成熟的天数大于150天）。

三、优良品种

1. 早熟品种

（1）**京秀**　欧亚种。果穗呈圆锥形，有副穗，穗大，平均穗重512.6g，最大穗重1250g。果穗大小整齐，果粒着生紧密或极紧密。果粒呈椭圆形，玫瑰红或鲜紫红色，粒大，平均粒重6.3g，最大粒重12g。果粉中等厚，果皮中等厚而较脆，且无涩味，能食。果肉脆，果汁中等多，味甜，低酸。每果粒含种子1~4粒，与果肉易分离。可溶性固形物含量为14.0%~17.6%，可滴定酸含量为0.39%~0.47%。鲜食品质上等（图2-1）。

图2-1　京秀

京秀植株生长势中等或较强，隐芽和副芽萌芽力均强。芽眼萌发率为63.8%，枝条成熟度好，结果枝占芽眼总数的37.5%。每个结果枝的平均果穗数为1.21个，隐芽萌发的新梢结实力强，夏芽副梢结实力弱。早果性好，产量高。在北京地区的京秀葡萄，4月中旬萌芽，5月下旬开花，7月下旬浆果成熟。从萌芽至浆果成熟需106～112天，此期间活动积温为2209.7℃，浆果极早熟。京秀抗旱和抗寒力较强，但易感染白粉病和炭疽病。适宜篱架栽培，中短梢混合修剪。栽培时注意要及时疏花、疏果，合理负载，以防止因产量过高而导致的果实着色不良，并要适时套袋，加强对病虫和鸟害的防治。在我国北方和南方干旱、半干旱地区，京秀的露地栽培和设施栽培均较适宜。

（2）京玉　欧亚种（原产中国）。北京、河北、辽宁、江苏、浙江、福建等地有较大面积的栽培。果穗呈圆锥形，有副穗，穗大，平均穗重684.7g。粒大，平均粒重6.5g，最大粒重16g。果粒整齐，松紧适度，晶莹似玉，果粉中等厚，果皮中等厚而脆，干旱年份稍有涩味。果肉脆，果汁多，味酸甜，无香味。每果粒含种子1～2粒，与果肉易分离。可溶性固形物含量为13%～16%，可滴定酸含量为0.48%～0.55%。鲜食品质上等（图2-2）。

图2-2　京玉

京玉植株生长势中等或较强。每个结果枝的平均果穗数为1.18个。早果性好，产量高。在北京地区的京玉葡萄，4月中、下旬萌芽，5月下旬开花，8月上旬浆果成熟。从萌芽至浆果成熟需97～115天，此期间活动积温为2321.3℃。京玉适合干旱、半干旱地区种植。篱架、棚架栽培均可。坐果中、长梢修剪。

（3）乍娜　欧亚种。河北、辽宁等地均有栽培。果穗大，平均穗重850g，最大穗重达1500g，果穗呈圆锥形或长圆锥形，无副穗。果粒着生中等紧密，平均粒重9.5g，最大粒重约14g，近圆形或椭圆形，红紫色，果皮中等厚，肉质较脆，清甜，微有玫瑰香味。可溶性固形物含量为16.8%，含酸量为0.55%。鲜食品质上等（图2-3）。

图2-3 乍娜

乍娜植株生长势较强。结果枝占新梢总数的50.4%，每个结果枝的平均果穗数为1.2个，副梢结实力中等，较丰产。从萌芽到果实充分成熟的需115～125天，活动积温为2200～2500℃。在北京地区，8月上旬乍娜果实成熟。此品种抗霜霉病能力较强，但易染黑痘病，遇雨易裂果，耐运输。棚架、篱架栽培均可，宜中梢修剪。防止裂果，栽培时应注意修穗和疏果。从开花至浆果成熟需107天。河北昌黎地区的乍娜8月中旬，当浆果开始成熟时，暂停浇水，并在植株基部铺盖地膜，控制雨水渗入土中的量。乍娜适宜在中国北部干旱、半干旱地区栽培。在设施栽培中表现较好，需冷量较少，花芽易形成，丰产，病害明显减轻。

(4) 维多利亚 欧亚种。目前在河北、山东、辽宁等地均有栽培。果穗呈圆锥形或圆柱形，穗大，平均穗重630g。果粒着生紧密，呈长椭圆形，粒大，平均粒重9.5g。果皮中厚，呈绿黄色，肉硬而脆，味甘甜，鲜食品质佳。因果粒耐拉力大，故较耐运输（图2-4）。

植株生长势中等，每个结果枝的平均果穗数为1.5个，副梢结实力较强，丰产。维多利亚抗灰霉病能力强，抗霜霉病和白腐病能力中等，生长季要加强对霜霉病和白腐病的综合防治。该品种对肥水要求较高，葡萄采收后，要及时施入腐熟的有机肥。栽培中要严格控制负载量，及时疏穗、疏粒，以促进果粒膨大。该品种适于干旱、半干旱地区和保护地栽培。

第二章 优质丰产的葡萄品种

图2-4 维多利亚

（5）**奥古斯特** 欧亚种。果穗呈圆锥形，穗大，平均穗重580g，最大穗重1500g。果粒着生较紧密，呈短椭圆形，果粒大小均匀一致，平均粒重8.3g，最大粒重12.5g，果皮中厚，呈绿黄色，充分成熟后为金黄色，果肉硬而脆，味甜，稍有玫瑰香味。丰产，因果实耐拉力强，不易脱粒，故耐运输（图2-5）。

图2-5 奥古斯特

奥古斯特植株生长势强，枝条成熟度好，结实力强，每个结果枝平均果穗数为1.6个。副梢结实力极强，早果性好，定植后的第2年开始结果，产量高。本品种在河北昌黎地区,奥古斯特4月15日前后萌芽,5月28日前后始花,7月底浆果开始成熟。当采用日光温室栽培方式时,6月上旬浆果即可成熟上市。抗旱力中等,抗病力较强。应控制结果量,及时夏剪和注意氮、磷、钾均衡施肥。篱架、棚架或小棚架栽培均可。以中、短梢修剪为主,可用于保护地栽培,是一个有发展前途的鲜食葡萄新品种。

(6) 京亚 欧美杂交种。果穗呈圆锥形或圆柱形,有副穗,穗较大,平均穗重478g,最大穗重1070g。果穗大小较整齐,果粒着生紧密或中等紧密。果粒呈椭圆形,紫黑色或蓝黑色,粒大,平均粒重10.6g。最大粒重20g。果粉厚,果皮中等厚而较韧。果肉硬度中等或较软,汁多,味酸甜,有草莓香味。每颗果粒含种子1~3粒,多为2粒,中等大,椭圆形,黄褐色,外表有沟痕,种脐不突出,喙较短,种子与果肉易分离。可溶性固形物含量为13.5%~18.0%,可滴定酸含量为0.65%~0.9%。鲜食品质中上等(图2-6)。

图2-6 京亚

京亚植株生长势中等,隐芽和副芽萌芽力均中等,芽眼萌发率为79.85%,结果枝占芽眼总数的55.17%。每个结果枝的平均果穗数为1.55个,隐芽萌发的新梢结实力强,夏芽副梢结实力弱,早果性好。在北京地区,京亚4月上旬萌芽,5月中、下旬开花,8月上旬浆果成熟。从萌芽至浆果成熟需114~128天,此期间活动积温为2412.2℃。浆果比巨峰早熟20天左右。抗寒性、抗旱性强,管理省工,用赤霉素处理易得无核果。因京亚成熟早,经济效益高,全国各地均可种植,篱架、棚架栽培均可。宜中、短梢结合修剪。

(7) 夏黑 早熟鲜食三倍体无核品种。果穗呈圆锥形间或有双歧肩,穗大,平均穗重415g。果穗大小整齐,果粒着生紧密或极紧密。果粒近圆形,黑紫色或蓝黑色,平均粒重3.5g。用赤霉素处理后,果粒大,平均粒重7.5g。果粉厚,果皮厚而脆,无涩味。果肉硬脆,无肉囊。果汁紫红色。味浓甜,有浓郁草莓香味,无种子。可溶性固形物含量为20%~22%。鲜食品质上等(图2-7)。

图2-7 夏黑

夏黑植株生长势极强,隐芽萌发力中等。芽眼萌发率85%~90%,成枝率95%,枝条成熟度中等。每个结果枝的平均果穗数为1.45~1.75个,隐芽萌发的新梢结实力强。浆果早熟。抗病力强,不裂果,不脱粒。适合全国各葡萄产区种植。

2. 中熟品种

(1) 无核白鸡心　此品种为中熟鲜食无核品种。果穗呈长圆锥形,穗大,平均穗重620g,最大穗重1700g。果穗大小较整齐,果粒着生中等紧密。果粒略呈鸡心形,黄绿色或金黄色,中等大,平均粒重5.0g,果粉薄,果皮薄而韧,与果肉较难分离。果肉硬脆,汁较多,味甜,略有玫瑰香味。无种子。总糖含量为15%~16%,可滴定酸含量为0.55%~0.65%,鲜食品质极佳(图2-8)。

无核白鸡心植株生长势强。本品种芽眼萌发率为47%~46%,结果枝率为74.4%。每个结果枝的平均果穗数为1.3个,产量较高。在辽宁沈阳地区,5月初萌芽,6月上旬开花,8月中、下旬浆果成熟,从萌芽到浆果成熟需110~115天。此期间活动积温为2500~2600℃。抗逆性中等,抗霜

图2-8　无核白鸡心

霉病力与巨峰品种相似，抗黑痘病和白腐病力较弱。可用于制罐和制干。栽培上用赤霉素处理后，果粒可增大1倍左右，生长势强，应注意保持树势中庸，以保证花芽的数量、果实质量和稳产性。适合全国大多数地区种植，宜小棚架或篱架栽培，以短梢修剪为主。

（2）**香妃**　欧亚种。果穗呈圆锥形，中等大小，平均穗重350g。果粒着生较紧，呈圆形或近圆形，平均粒重8g，果皮薄、质地脆，呈黄绿色，无涩味。果粉中等。粒大、金黄色，外观美丽，果肉脆甜，玫瑰香味浓，品质优（图2-9）。

图2-9　香妃

香妃植株生长势中等或较强。每个结果枝的平均果穗数为1.33个。正常结果树一般亩（1亩≈667m²）产2220kg（3m×2m，单臂篱架）。在北京地区，香妃4月16日前后萌芽，5月29日前后开花，9月23日前后浆果成熟，从萌芽到浆果成熟需160天，此期间活动积温为3487.8℃。抗逆性较强，抗白腐病和黑痘病力强，抗白粉病力中等，易感霜霉病。在多雨年份及地区有裂果现象，应注意水分管理，及时套袋、适时采收。本品种适宜干旱、半干旱地区栽培。

（3）葡萄园皇后　欧亚种。在我国东北、华北、华南、西北等地均有栽培。果穗呈圆锥形，穗大，平均穗重466.9g，最大穗重1200g。果穗大小整齐，果粒着生中等紧密或较紧。果粒为椭圆形，黄绿色或金黄色，粒大，平均粒重6.2g，最大粒重9.2g。果粉中等厚。果皮中等厚而较脆，果肉较脆，汁中等多，味酸甜，充分成熟后略有玫瑰香味。可溶性固形物含量为15%，总糖含量为13%～14%，鲜食品质中上等（图2-10）。

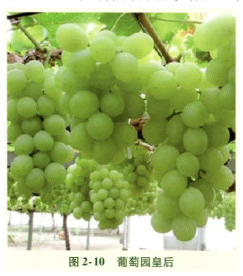

图2-10　葡萄园皇后

葡萄园皇后植株生长中等偏强。结果枝占芽眼总数的38.79%。每个结果枝的平均果穗数为1.42个。早果性好。在北京地区，葡萄园皇后4月10～15日萌芽，5月24～28日开花，8月9～14日浆果成熟。从萌芽至浆果成熟需120天左右，此期间活动积温为2728.0℃左右。适应性中等，但抗旱力较差，抗病性中等。当负载量过大时，易出现水罐子病。

（4）里扎马特（又名玫瑰牛奶）　欧亚种。目前我国各地均有栽培。果穗呈圆锥形，穗大，平均穗重800g。果粒着生稍松散，果粒呈长椭圆形，果皮底色黄绿,半面紫红色,美观,平均粒重10g,最大粒重20g左右,但有时果粒大小不整齐,皮薄肉脆,多汁,果皮与果肉难分离,味酸甜爽口,鲜食品质上等。果实不耐储藏和运输(图2-11)。

图2-11 里扎马特

里扎马特植株生长势强。每个结果枝的平均果穗数为1.13个,丰产性中等。该品种对水肥和土壤条件要求较严,管理不善易造成大小年和果实着色不良的现象,应及时进行果穗整形和疏果。抗病力中等,易感染黑痘病、霜霉病和白腐病。果实成熟期遇雨易裂果,适于在降水较少而有灌溉条件的干旱和半干旱地区栽培。宜棚架栽培,中长梢修剪。夏季修剪时适当多保留叶片,防止果实发生日灼。

(5)**玫瑰香** 欧亚种。是我国北方主栽品种,目前在山东、河北、天津等地均有较大面积的栽培。果穗呈圆锥形,中等大,平均穗重350g。果粒着生疏散或中等紧密,呈椭圆形或卵圆形,果皮黑紫色或紫红色,果粒中小,平均粒重4.5g,果粉较厚,果皮中等厚,易与果肉分离,果肉稍软,多汁,果味香甜,有浓郁的玫瑰香味(图2-12)。

玫瑰香植株生长势中等。本品种成花力极强,每个结果枝的平均果穗数为1.5个。适应性强,抗寒性强,根系较抗盐碱,但抗病性稍弱,尤其易感染霜霉病、黑痘病和生理性病害水罐子病,因此生产中应加以注意。栽培中注意加强肥水管理,确定合理负载量,开花前要及时摘心、掐穗尖,以促进果穗整齐、果粒大小一致。

第二章 优质丰产的葡萄品种

图 2-12 玫瑰香葡萄

（6）牛奶（又称为宣化白葡萄、白牛奶） 欧亚种。本品种主产区在河北张家口宣化、怀来、昌黎、山西清徐及新疆等地。果穗呈长圆锥形或有分枝，果穗大，穗重 400～800g。果粒着生中等紧密，呈长椭圆形，果皮呈黄绿至黄色，平均粒重 7.5g，皮薄，肉脆，汁多，味纯甜，清爽，鲜食、品质极佳（图 2-13）。

图 2-13 牛奶

牛奶葡萄植株生长势强旺。每个结果枝的平均果穗数为1.1个。抗病性、储运性均差，易感染黑痘病、白腐病、霜霉病和穗梗肿大症。果实成熟期当土壤水分过多时，有裂果现象。适宜在我国西北、华北干旱或半干旱地区栽培。该品种抗寒性差，冬、春季节要注意防冻、防旱。因牛奶葡萄果皮较薄，稍有碰伤容易形成褐斑，采收、储藏过程中要格外小心。目前栽培上要提倡合理负载，加强综合管理，培养健壮稳定的树势，采用综合技术防止落花、落果，提高果实质量，充分发挥该品种固有的良种特性。

（7）**醉金香** 四倍体品种，欧美杂交种。果穗呈圆锥形，穗特大，平均穗重800g。果穗紧凑。果粒呈倒卵圆形，充分成熟时果皮呈金黄色，果粒大，平均粒重13g，成熟一致，大小整齐，果皮中厚，与果肉易分离，汁多，香味浓，无肉囊，鲜食品质上等（图2-14）。

图2-14 醉金香

醉金香植株生长旺盛。每个结果枝的平均果穗数为1.32个。丰产，抗病性较强。果实成熟后有落粒现象，生产中注意及时采收。该品种不适宜长途运输，宜在城郊及交通便利的地区栽植。

（8）**藤稔** 果穗呈圆柱形或圆锥形，带副穗，中等大，平均穗重400g，最大穗重892g，果粒着生中等紧密。果粒呈短椭圆形或圆形，紫红或黑紫色，粒大，平均粒重12g。果皮中等厚，有涩味，果肉中等脆，有肉囊，汁中等多，味酸甜。鲜食品质中上等（图2-15）。

图2-15 藤稔

植株生长势中等。芽眼萌发率为80%，结果枝占新梢总数的70%。每个结果枝的平均果穗数为1.8个。早果性强。在郑州地区，藤稔4月初萌芽，5月下旬开花，8月上、中旬浆果完全成熟。浆果早中熟。适应性强，耐湿，较耐寒。抗霜霉病、白粉病力较强，抗灰霉病力较巨峰弱。花期耐低温和闭花受精能力强，结果早，连续结果能力强，丰产稳产。需严格疏穗、疏粒，以提高商品性。在我国南北各地均可种植。棚、篱架栽培均可，以中、短梢修剪为主。

（9）**优无核** 欧亚种。原产地美国。在我国山东、河北、河南地区均有栽培。果穗呈圆锥形，穗大，平均穗重630g，最大穗重800g以上。果粒着生紧密，果粒近圆形，黄绿色，充分成熟时为金黄色，较大，平均粒重5g，最大粒重7.5g。果粉少，果皮中等厚。果肉硬而脆，味酸甜。无种子。可溶性固形物含量为16.5%，可滴定酸含量为0.78%。鲜食品质上等（图2-16）。

优无核植株生长势强。芽眼萌发率为62.3%，结果枝率达60%以上。每个结果枝的平均果穗数为1.3个。在山东青岛地区，本品种4月上旬萌芽，5月20~25日开花，8月上旬浆果成熟。从萌芽到浆果成熟需121~135天。抗病力较强，不裂果。宜采用棚架栽培，以中、长梢结合修剪为主。

图 2-16　优无核

（10）**巨峰**　欧亚种。为我国葡萄的主栽品种。果穗呈圆锥形，带副穗，中等大小或更大，平均穗重 400g，最大穗重 1500g。果穗大小整齐，果粒着生中等紧密。果粒椭圆形，紫黑色，粒大，平均粒重 8.3g，最大粒重 20g。果粉厚，果皮较厚而韧，有涩味。鲜食品质中上等（图 2-17）。

巨峰植株生长势强。芽眼萌发率为 70.6%，结果枝占芽眼总数的 44.5%。每个结果枝的平均果穗数为 1.37 个。早果性强。正常结果树一般产量为 22500kg/ha。在郑州地区，本品种 4 月下旬萌芽，5 月中、下旬开花，8 月中、下旬浆果成熟。从萌芽至浆果成熟需 137 天。此期间活动积温为 3289℃。浆果中熟。抗逆性较强，抗病性较强。栽培上应注意控制花前肥水，并及时摘心，花穗整形，均衡树势，控制产量。棚、篱架栽培均可。

（11）**辽峰**　欧亚种。果穗呈圆锥形，平均穗重 600g，最大穗重 1350g。果粒大，一般粒重 12~14g，最大可达 18g，呈圆形或椭圆形。果皮紫黑色，果粉厚，易着色，果肉与果皮易分离。果肉较硬，味甜适口。可溶性固形物含量为 18%，明显高于巨峰。成熟期不裂果，充分成熟不缩水，货架期明显长于巨峰。恒温保鲜可储存至春节，不落粒，且风味不变，鲜食品质明显优于巨峰（图 2-18）。

第二章 优质丰产的葡萄品种

图 2-17 巨峰

图 2-18 辽峰

辽峰植株生长势强旺。芽眼萌芽率75.9%，结果枝率68.3%，每个结果枝的平均果穗数为1.67个，早果性好。在辽阳地区，本品种5月初萌芽，6月初开花，9月上旬果实成熟。从萌芽到浆果成熟需132天，此期间活动积温为2800℃。浆果比巨峰早熟10天左右。果粒着色早且快，前期退酸快。用赤霉素处理易得无核果。无核果鲜食品质更优，经济效益高，适合在巨峰栽植区种植。篱、棚架、保护地栽培均可。宜中、短梢结合修剪。抗寒、抗旱涝性强。喜肥水，是一个大有发展前景的葡萄品种。

3. 晚熟品种

（1）美人指　果穗呈圆锥形，穗大，平均穗重600g，最大穗重1750g。果穗大小整齐，果粒着生疏松。果粒呈尖圆形，鲜红色或紫红色，粒大，平均粒重12g，最大粒重20g。果粉中等厚，果皮薄而韧，无涩味。果肉硬脆，汁多，味甜，有浓郁玫瑰香味（图2-19）。

图2-19　美人指

第二章 优质丰产的葡萄品种

美人指植株生长势极强。结果枝占芽眼总数的85%。每个结果枝的平均果穗数为1.2个,隐芽萌发的新梢结实力强。抗病力弱,易感白腐病和炭疽病,稍有裂果。果肉硬脆,可切片。对气候及栽培条件要求严格,应严格控制氮肥施用量。生长期宜多次摘心,抑制营养生长。注意幼果期水分供应,防止日灼病。适合干旱、半干旱地区种植。棚架或高、宽、垂架式栽培均可,宜中、长梢结合修剪。

(2) 秋红(也称圣诞玫瑰) 欧亚种。目前在我国各地均有栽植。果穗呈长圆锥形,平均穗重800g。果粒着生较紧,呈长椭圆形,紫红色,粒大,平均粒重7.5g。果皮中厚,肉硬而脆,能削成薄片。肉质细腻,味甜,鲜食品质佳。果实易着色,不裂果,不脱粒。果粒着生牢固,耐储藏运输(图2-20)。

图2-20 秋红

秋红植株生长势强。每个结果枝的平均果穗数为1.4个。抗病力较强,但植株幼嫩部分易感染黑痘病。幼树易早丰产,但挂果过多会导致幼树早衰;成年树结果过多会影响果实着色和降低果实品质,因此生产中应严格控制负载量。果实成熟期要防止蜂、鸟为害果粒。

(3) 龙眼 鲜食、酿酒兼用品种,欧亚种。在我国东北、华北、西北、山东、陕西等地均有栽培。果穗歧肩,呈圆锥形或五角形,带副穗,大或极大,平均穗重694g,最大穗重3000g。果穗大小整齐,果粒着生中等紧密。果粒近圆形,宝石红或紫红色,有的带深紫色条纹,表面有较明显的褐色小斑点,果粒大,平均粒重6.1g,最大粒重12g。果粉厚,灰白色,果皮中等厚而坚韧。果肉致密,较柔软,果汁多,味酸甜,无香味。每果粒含种子2~4粒,种子与果肉易分离,有小青粒。在河北怀来地区,龙眼可溶性固形物含量为20.4%，最高含量达22%，总糖含量为19.6%，可滴定酸含量为0.9%，出汁率为75%。鲜食品质优良（图2-21）。

图2-21 龙眼

龙眼植株生长势强。隐芽和副芽萌芽力均强，芽眼萌发率为92.4%，成枝率为85.5%，枝条成熟度良好，结果枝占芽眼总数的49%。每个结果枝的平均果穗数为1.27个，隐芽萌发的新梢结实力中等，夏芽副梢结实力弱。早果性好。在河北怀来地区，龙眼4月20日前后萌芽，6月5日前后开花，10月5日前后浆果成熟。从萌芽至浆果成熟需168天，此期间活动积温为3600℃。浆果晚熟。适应性强、耐干旱、耐瘠薄、耐储运。抗病力差，易感霜霉病、褐斑病、黑痘病、白腐病和黑腐病。宜棚架栽培。

（4）无核白 制干兼用无核品种，欧亚种，为新疆的主栽品种，在甘肃敦煌、宁夏、内蒙古乌海和呼和浩特等地也有栽培。果穗歧肩，呈长圆锥形或圆柱形，穗大，平均穗重227g，最大穗重1000g。果穗大小不整齐，果粒着生紧密或中等密。果粒呈椭圆形，黄白色，中等大，一般粒重1.2～1.8g，最大粒重3.2g。果粉及果皮均薄而脆。果肉呈浅绿色，脆，汁少，半透明，味甜。无种子。在吐鲁番地区的无核白，可溶性固形物含量为21%～25%，可滴定酸含量为0.4%。鲜食品质上等。制干品质优良，在吐鲁番出葡萄干率为23%～25%，百粒重为22～30g（图2-22）。

第二章 优质丰产的葡萄品种

图 2-22 无核白

无核白植株生长势强。隐芽萌芽力弱，副芽萌发力中等，芽眼萌发率为 86.6%，结果枝占芽眼总数的 57.7%。每个结果枝的平均果穗数为 1.27 个。早果性差，一般定植 4~5 年开始结果。在新疆吐鲁番地区，无核白 4 月 3 日前后萌芽，5 月中旬开花，8 月 25 日前后浆果成熟。从萌芽至浆果成熟需 145 天，此期间活动积温为 3800℃左右，浆果晚熟，抗旱、抗高温性强，抗寒性中等，抗病性中等。

（5）**红地球** 欧美杂交种。果穗呈短圆锥形，极大，平均穗重 880g，最大穗重可达 2035g。果穗大小较整齐，果粒着生较紧密。果粒近圆形或卵圆形，红色或紫红色，特大，平均粒重 12g，最大粒重 16.7g。果粉中等厚，果皮薄而韧，与果肉较易分离。果肉硬脆，可切片，汁多，味甜，爽口，无香味。果刷粗长（图 2-23）。

红地球植株生长势较强。隐芽萌芽力较强，副芽萌芽力中等，芽眼萌发率为 60%~70%，结果枝率为 68.3%。每个结果枝的平均果穗数为 1.32 个。夏芽副梢结实力较强。进入结果期较早，极丰产。在河北昌黎地区，红地球 4 月中旬萌芽，5 月下旬开花，10 月初浆果成熟。从萌芽至浆果成熟需 150~160 天。浆果晚熟，抗黑痘病和霜霉病力弱。宜小棚架或高宽垂架栽培，采用以中、短梢修剪为主的长、中、短梢修剪。

（6）**夕阳红** 欧亚种。果穗呈长圆锥形，无副穗，穗大，平均穗重 1066.1g，最大穗重 2300g。果穗大小整齐，果粒着生紧密。果粒呈椭圆形，紫红色，粒大，平均粒重 13.83g，最大粒重 19.0g。果粉中等厚，果皮中等厚，较脆。果肉较软，汁多，味甜，有浓玫瑰香味。种子与果肉易分离。可溶性固形物含量为16.45%，总糖含量为16.23%，可滴定酸含量为0.88%。鲜食品质上等（图2-24）。

图2-23　红地球

图2-24　夕阳红

夕阳红植株生长势强。芽眼萌发率为77.04%,结果枝占芽眼总数的45.74%。每个结果枝的平均果穗数为1.41个。早果性好。在辽宁沈阳地区,夕阳红5月上旬萌芽,6月上旬开花,9月下旬浆果成熟。从开花到浆果成熟需107天,此期间活动积温为2609℃。抗逆性、抗病性、抗虫性均强。棚、篱架栽培均可,以中、短梢修剪为主,结合超短梢修剪。

第三章 葡萄育苗技术

生产上使用的葡萄苗木,绝大多数是无性繁殖苗,主要采用扦插、嫁接、压条3种方法育成。葡萄砧木的繁殖可以采用实生繁殖。

一、普通扦插繁殖(硬枝扦插)

1. 插条的剪截与浸泡

春季取出储藏的插条(图3-1),按2~3节长度剪截,上端在芽眼1cm左右处平剪,下端在基部芽眼0.5cm下剪成斜面,其上2个芽眼应饱满,保证萌芽成活。按20~30根1捆捆扎(图3-2),在准备催根前用水浸泡2~3天(图3-3),当插条基部出现胶状黏液即可。

图3-1 储藏插条

图3-2 剪截插条

图3-3 浸泡插条

2. 催根

促进插条提早生根是扦插工作的关键,其方法可归纳为:一是激素催根法;二是控温催根法。生产中往往两种催根方法结合使用,催根效果更好。

(1) 激素催根 激素用萘乙酸或萘乙酸钠,使用方法有以下3种。

1)浸液法。将葡萄插条按要求剪好,捆成20~30根为1捆,立在盆里,加3~4cm激素水溶液,浸泡12~24h,只泡基部。萘乙酸的使用剂量为50~100mg/L。

【提示】 萘乙酸不溶于水,配制时需先用少量浓度为95%的酒精溶解,再加水稀释到所需要的浓度;萘乙酸钠溶于热水,可不必先使用酒精溶解。

2)速蘸法。将插条每20~30根捆成1捆,下端在萘乙酸溶液中速蘸一下,迅速取出后即可扦插。萘乙酸的使用剂量为1000~1500mg/L(图3-4,图3-5)。

图3-4 萘乙酸溶液蘸苗

图3-5 萘乙酸处理形成愈伤组织

3)蘸药泥法。将插条基部2~3cm在配好的药泥里蘸一下即可。药泥配制方法:将萘乙酸溶于酒精,加滑石粉或细黏土,再加适量水,调成糊状,剂量为1000mg/L左右。药剂处理:一般在春季扦插前进行,如果在冬季储藏插条前进行,春季扦插时,有愈伤组织形成。

(2) 控温催根处理 一般春季露地扦插,因气温高,地温低,插条先发芽,后生根,萌发的嫩芽常因水分、营养供应不足而枯萎,降低扦插成活率。控温处理就是将插条下部的土温提高到葡萄枝蔓生根所需的温度,以25~28℃较为适宜,可促其早生根。

【注意】 控温还需控制插条上端的温度,不可过高,一般控制在15℃以下,可延迟发芽,可提高扦插成活率。

1)温床催根。利用北方种菜的温床(阳畦)进行催根的方法是:在阳畦内放入约30cm厚的生马粪,浇水使马粪湿润,几天后马粪发酵温度可上升到30~40℃,待温度下降到30℃左右,并趋于稳定时,在马粪上铺约5cm厚的细土,然后将准备好的插条整齐、直立地排列在上面,枝条间填塞细沙或细土,以保持其湿润。插条上端的芽露在上面,以免受高温影响,过早发芽。温床上面可以覆盖塑料薄膜和草苫,让气温低一些,土温高一些(保持在22~30℃)。

2)火炕加温催根。利用甘薯育苗的火炕进行葡萄插条的催根效果较好。在火炕上先铺5cm厚的锯末,将准备好的插条排列在锯末上,插条间也需填塞锯末,使顶端芽眼露在外面。插好后充分喷水,使锯末湿透,使温度保持在22~30℃,火炕上面覆盖塑料薄膜和草苫,以保持湿度和控制温度。

3)电热温床催根。利用埋设在温床下面的电热加温线作为热源,利用控温仪或导电表控制土温,温度控制比较准确,可以随时调节,其效果较理想。电热温床多用半地下式,建造方法与一般温床相同,床底铺设电热加温线(图3-6,图3-7)。先在床底两端各钉一排小木橛,将电热加温线进行缠绕,两头引线接220V交流电源。两行电热加温线的间隔距离,影响床土的温度,要事先根据温床的长和宽,计算1条加温线可铺设的行数和间距。铺好电热加温线后覆盖粗沙并通电,测量距加温线4~5cm处的土温,若温度过高,可增大加温线的间隔,反之则需缩小,经过调试稳定后方可使用。为了有效地控制土温,可加自动控制设备,常用的有控温仪和导电温度表两种方法。控温仪使用方便,将控温仪的控头插在距加温线4~5cm处的沙中,将电热加温线的接头接在控温仪的输出键上,即可控制所需的温度。

图3-6 电热温床催根

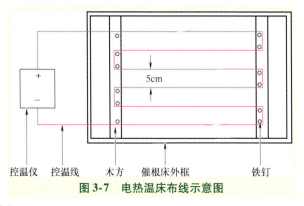
图 3-7　电热温床布线示意图

3. 扦插

葡萄扦插的方法分硬枝扦插法、嫩枝扦插法和单芽快速繁殖法。露地直插的葡萄园，葡萄露地扦插生根比较容易，生产上多采用露地扦插。扦插圃应选地势平坦、土层深厚、土质疏松且肥沃、有灌溉条件的地段。秋季深翻土地，并施入基肥，然后冬灌，早春土壤解冻后，及时耙地保墒，准备扦插。露地扦插主要采用垄插法和地膜覆盖法。

（1）垄插法　垄宽 30cm、高 15cm、垄距 50~60cm。株距 12~15cm，每亩插 8000~10000 株。插条全部斜插于垄背土中，并在垄沟内灌水。也可先不做垄，先开浅沟，插好苗后灌水，再培土成垄。垄插的插条下端距地面近，因土温高，通气性好，故其生根快，根系发达。枝条上端也在土内，比露在地面温度低，能推迟发芽，营造先生根、后发芽的环境。因此垄插比平畦扦插生根、发芽晚，成活率高，生长好。北方的葡萄产区多采用垄插法。在地下水位高、年降雨量多的地区，因垄沟排水好，更有利于插条成活。

（2）地膜覆盖法　按上述的垄插法做好土垄，覆盖地膜（图 3-8），按株距要求，在地膜上打孔，插入插条，可垂直（图 3-9）也可倾斜扦插（图 3-10），插条的顶端与地面相平，或稍露出，地膜具有保墒和提高地温的作用。北方早春土温较低，每次灌水会降低土温，而覆盖地膜，可使灌水次数减少，土温上升快，还能缓解因灌水引起的土壤板结，垄内通气良好，利于插条生根（图 3-11）。

4. 扦插苗的田间管理

扦插苗的田间管理主要是肥水管理、摘心和病虫害防治等工作。总原则是前期加强肥水管理，促进幼苗的生长，后期摘心并控制肥水，加速枝条的成熟。

图3-8 扦插前覆地膜

图3-9 垂直扦插

图3-10 倾斜扦插

图3-11 扦插苗形成根系

(1) **灌水与施肥** 扦插时要浇透水,插后尽量减少灌水,以提高地温,但要确保嫩梢出土前土壤温润,不致干旱。北方往往春旱,可7～10天灌水1次,具体灌水时间与次数要依土壤湿度而定。6月上旬～7月上中旬,苗木进入迅速生长时期,需要大量的水分和养分,应结合浇水追施速效性肥料2～3次,前期以氮肥为主,后期要配合磷,钾肥,每次每亩施入人粪尿1000～1500kg,或尿素8～10kg,或过磷酸钙10～15kg,或草木灰

40～50kg。7月下旬～8月上旬，应停止浇水或少浇水。

（2）抹芽　插条扦插10～15天后，插条芽萌发（图3-12），进行抹芽（图3-13），最终保留1个壮芽（图3-14），可检查成活率（图3-15）。

图3-12　扦条萌发

图3-13　扦插苗抹芽

图3-14　抹芽后的扦插苗

图3-15　扦插成活的苗木

（3）摘心　葡萄扦插苗生长停止较晚，后期应摘心并控制肥水，促进新梢成熟。幼苗生长期时副梢摘心2～3次，主梢长到70cm时进行摘心，到8月下旬长度不够的也一律进行摘心。

（4）病虫害防治　7～8月多雨季节，葡萄幼苗易感染黑痘病，可少量喷3～4次160倍的波尔多液。当发生毛毡病时，可喷0.3～0.5波美度（°Bé）的石硫合剂。

（5）苗木出圃　葡萄扦插苗出圃时期比葡萄防寒时期早，落叶后即可出圃，一般在10月中下旬进行。起苗前先进行修剪，按苗木粗细和成熟情况留芽、分级。如玫瑰香葡萄苗，成熟好，枝粗1cm左右的留7～8个芽；枝粗0.7～0.8cm的留4～6个芽；枝粗在0.7cm以下，成熟较差的留3～4个芽或2～3个芽。起苗时要尽量少伤根，苗木冬季储藏与插条的储藏法相同。

二、快速扦插育苗

快速扦插育苗主要有阳畦单芽扦插、营养袋育苗和嫩枝扦插3种形式。工厂化育苗,主要采用温室营养袋育苗法。

1. 阳畦单芽扦插

(1) 插条的选择和采集　插条多从秋季采集的枝条上剪截,也可以用春季直接从葡萄植株上剪下的刚萌动的芽,扦插前要注意选择。春季剪下萌动的芽,可立即扦插在沙盘中,给予适宜的温度、水分和光照条件,扦插苗成活率高。

(2) 插条的剪截　单芽扦插用的插条,上端离芽眼1cm处平剪,下端在芽眼1.5cm处剪成马蹄形即可。

(3) 扦插方法　单芽扦插可以采用方格单芽扦插法和营养纸袋单芽扦插法。阳畦一般宽1.2~1.5m、长5~7m、深25~30cm。

1) 方格单芽扦插法。用木条做成1.2m见方的方框,四边每隔6cm打1个孔,用线绳绑成纵横整齐的6cm见方的四格,阳畦中先铺2~3cm厚的细沙,再垫10cm厚的营养土,其比例为菜园土2份、细沙1份和过筛的腐熟有机肥1份。浇足底水,待水渗下后,将木框置于畦中,将剪好的单芽插条基部先蘸一下1000mg/L萘乙酸溶液,再以近30°的角度插在四方格中,每格1株。

⚠️ **【注意】** 芽上端剪口要恰好与土面相平,切忌过深,否则嫩芽出土困难。

2) 营养纸袋单芽扦插法。营养纸袋高16cm,直径为6cm,纸袋中装满营养土,敦实后,整齐地排列于阳畦中,各纸袋营养土面要在同一平面上,便于浇水(图3-16)。营养纸袋摆放好后充分浇水,将单芽插条按30°的角度插入袋中,芽的上端剪口与土面相平。一个宽1.5m、长5m的阳畦可摆营养纸袋2500~2700个。

(4) 插后管理　扦插后,阳畦上架设拱形支架,上面覆盖塑料薄膜,以提高温度和保持湿度。晴天棚内气温过高时,要及时放风,白天将温度保持在20~30℃,最高不应超过35℃,并经常喷水保持畦内湿度。

扦插后15~20天,插条开始愈合,1个月后可产生愈伤组织,发生新根。待多数新梢生长到10~15cm时,便可以移栽到露地苗圃继续培育,也可以直接定植。用方格法扦插的插条,可用移植铲将畦土切成4块,带土移植,移栽前最好先浇水1次;用营养纸袋扦插的插条,注意不要弄破纸袋。

图3-16　营养纸袋扦插

为了提高插条移栽或定植的成活率,要加强阳畦内扦插苗的锻炼,移栽后,10天内应增加通风量,降低空气湿度,并逐渐把棚膜撤除。在直射的阳光下叶片不萎蔫,即可移栽或定植。移栽前,苗圃地要施足基肥,灌透底水,可以带水栽植。即挖小坑,浇上水,水未渗完时即放入带土团的扦插苗,立即覆土,成活率较高。移栽后加覆盖遮阴,缓苗快。扦插苗移栽或定植的时期不宜太晚,以4月下旬~5月上中旬为好,太晚会因气温过高,使缓苗期长。扦插期应根据扦插苗在阳畦内生长的时间(天)和当地移栽或定植适期来计算决定,栽后要注意浇水和松土。此法不仅节约繁殖材料,而且成苗率高,出圃快。

2. 营养袋育苗

将育苗分为两个阶段,即先进行激素处理和电热催根,再移栽到营养纸袋或塑料薄膜袋内培育。全部工作可在温室内进行,这个过程也叫工厂化育苗。

(1) 催根方法　可参照控温催根和激素催根法,一般催根15~20天,扦插苗便开始生根,芽眼萌发,具有4~5条1~5cm长的根时,移入袋中继续培养1个月左右,即可定植于田间。营养袋用直径6~8cm、长18~20cm的塑料薄膜袋,袋内先填1/4~1/3的营养土,放好已催出根的插条,再填满营养土,轻轻压实。装袋后立即喷水1次,以后每天喷水1~2次。当幼嫩梢生长正常,无萎蔫现象后,可叶面喷肥,以补充营养,并及时喷药预防霜霉病等真菌性病害的发生。幼苗长出3~4片叶时,应增加光照,降低空气温度和湿度,接受阳光直射,锻炼苗木,以适应外界条件,提高定植成活率。

(2) 容器苗定植　最好在阴天或傍晚进行,栽后注意遮阴,定植后的前2~3天，要每天在叶片上喷水，增加空气湿度，有利于成活。

3. 嫩枝扦插

(1) 插条的选择和剪取　夏季利用半木质化的新梢和副梢进行扦插，剪留长度一般为2~3个芽，嫩枝上端留1个叶片，并剪去一半，以减少蒸发。

(2) 扦插方法　嫩枝扦插可以在塑料棚内进行，基质可用河沙或蛭石，塑料大棚上面要遮阴降温，棚内要经常喷水，增加空气湿度，在室外全光照下，用定时喷雾法保证空气湿度，效果较好，嫩枝扦插成活率很高，且可以利用夏季修剪时剪下的材料，但有以下3点要注意：

1) 夏季温度高，水分蒸发量大，在扦插过程中，要将气温降到30℃以下，以25℃最宜，可防止插条失水萎蔫。

2) 在夏季高温、高湿条件下，幼嫩的插条易染病害，可用500倍高锰酸钾溶液，或20%多菌灵悬浮剂1000倍液，进行基质消毒，并经常注意防病喷药。

3) 嫩枝扦插宜早不宜晚，以6~7月为宜，8月以后插条发生的枝条不能成熟，影响苗木越冬。

三、嫁接育苗

1. 砧木苗的准备

(1) 种子的采集　砧木苗可通过播种繁殖或扦插繁殖获得。播种繁殖砧木苗时，要在9月中旬前后，采集充分成熟的葡萄果实，堆积腐烂，漂洗取种，去杂去劣，拌上湿沙在阴凉处保存，上冻前进行层积处理，方法与其他果树种子相同。酿酒厂的种子，若未经过高温发酵，也可采用。

(2) 种子播前处理　次年3~4月间，把经过层积处理的种子取出，筛去沙子，倒进30℃左右的温水中，浸泡1昼夜，再与湿沙混合，在25℃左右的温度下催芽。大部分种子裂口，少数种子发芽时，即可播种。

(3) 播种方法　采用条沟播种，播种深度为2~3cm，行距45~60cm。

(4) 播后管理　当幼苗长出1~2片真叶时，间为单苗；长出4~5片真叶时，按10~15cm株距进行定苗。6月可追施速效氮肥1次，每亩追施尿素10~15kg，促使砧木苗生长；7~8月追施过磷酸钙15kg+草木灰30kg，促使砧苗生长充实。在土壤干旱或追肥时要及时浇水，并中耕松土、除草。苗期可用毒饵防治地下害虫，后期喷波尔多液预防病害。实生苗当年达不到嫁接高度，冬天留2~3个芽剪截并就地培土防寒，第2年春天除去防寒土，加强肥水管理。每株留2个新梢，设架引缚，新梢上的副梢可留1~2片叶，且要及时摘心，卷须要及时剪除，促使新梢迅速加粗生长，以备嫁接。当年可以进行芽接或嫩梢枝接。

2. 嫁接方法

嫁接方法因嫁接时期和砧木种类而异，常用的方法有以下几种。

（1）芽接

1）接穗的选择和采集。接穗应从品种纯正、生长旺盛、无病虫害的丰产单株上剪取，选择生长充实、芽眼饱满、没有副梢或副梢小的当年新蔓作为接穗。接穗剪下后要立即剪去叶片，基部在冷水中浸泡1h，充分吸水后用塑料薄膜包好再运输。若就地嫁接，可随取随接。

2）选择适宜的芽接时期。在葡萄新梢已开始木质化，接芽能很顺利揭下时进行，一般在6~7月进行，过晚会影响秋季接芽成熟。如果要提早嫁接，早春最好用塑料薄膜覆盖砧木苗。

3）芽接的方法。一般采用方块芽接，但要比常规芽接的芽片大些，芽片长2~3cm、宽1cm左右。接穗比较嫩的，可采用带木质部芽接。

（2）枝接 有硬枝接和绿枝接两种，尤以葡萄休眠期室内的硬枝接为主。

1）硬枝接。在葡萄休眠期内，采用接穗和砧木的1年生枝条，于室内进行嫁接。将接穗接在砧木的茎段上，经愈合处理后，再进行扦插。枝接可采用劈接、腹接和舌接等方法。

为促使砧穗愈合，并促进砧木发根，可在温室或火炕上进行加温处理。加温要求将温度保持在25~28℃，经15~20天后，部分接口愈合。砧木基部出现根源体和幼根，再经放风锻炼后，可露地扦插。加温时要用湿锯末将插条四周填充密实，以保持湿度，春季可在露地苗圃对越冬砧木苗进行嫁接，常用劈接法。

2）绿枝接。在生长期进行，可利用夏季修剪剪下的副梢和嫩梢作为接穗，接在砧木的绿枝上。方法是在6月中下旬，选择优良品种的新梢或副梢，于嫁接前2~3天摘心，接穗剪留1~2节，剪去叶片（图3-17，图3-18），只留一小段叶柄，枝接可采用劈接、切接、舌接等方法。

绿枝劈接步骤：

① 削接穗。接穗在芽上方1~2cm处平剪，在节下1~2cm处开始，从芽两侧各削长2~3cm长的楔形切面，切面要平滑整齐（图3-19，图3-20）。

② 切砧木。在砧木保留3~4片叶平剪（图3-21），剪口距第1芽的距离为3cm左右。削平断面，用刀在砧木断面中心处垂直劈开，深度应略长于接穗切面（图3-22）。

图说鲜食葡萄栽培与周年管理

图 3-17　采集接穗

图 3-18　剪接穗叶片

图 3-19　削接穗

图 3-20　削好的接穗

图 3-21　剪砧木

图 3-22　切砧木

③ 插接穗。将砧木切口撬开，把接穗插入（图3-23），使接穗与砧木的形成层至少一侧对齐，接穗削面露出砧木外2mm左右（露白）。

图3-23 插接穗

④ 绑缚。用塑料条将砧木与接穗的接穗的接口（包括接穗顶端的剪口）包扎严密，只将接穗芽留出（图3-24，图3-25）。

图3-24 绑塑料条　　　图3-25 嫁接后的葡萄苗

嫁接苗经10天左右即可愈合，接后及时除去砧木的萌蘖和接穗新梢上的副梢，留1个新梢即可（图3-26，图3-27）。嫁接育苗常用来加速良种繁育，更新品种，具有接穗来源广、操作简便、成活率高的优点。葡萄苗的质量指标见表3-1。

图3-26 嫁接后萌发的新梢　　　图3-27 嫁接成活苗

表 3-1 葡萄苗的质量指标

（引自 NY469—2001《葡萄苗木》）

种类	项目			一级	二级	三级
自根苗	品种纯度				纯度≥98%	
	根系	侧根数量/条		≥5	4~5	
		侧根粗度/cm		≥0.3	0.2~0.3	
		侧根长度/cm		≥20	15~20	
		侧根分布			均匀、舒展	
	枝干	成熟度			木质化	
		高度/cm			≥20	
		粗度/cm		≥0.8	0.6~0.8	0.5~0.6
	根皮与茎皮				无新损伤	
	芽眼数/个				≥5	
	病虫危害情况				无检疫对象	
嫁接苗	品种纯度				纯度≥98%	
	根系	侧根数量/条		≥5	4~5	
		侧根粗度/cm		≥0.3	0.2~0.3	
		侧根长度/cm		≥20	15~20	
		侧根分布			均匀、舒展	
	枝干	成熟度			充分成熟	
		枝干高度/cm			≥30	
		接口高度/cm			10~15	
		粗度/cm	硬枝嫁接	≥0.8	0.6~0.8	0.5~0.6
			绿枝嫁接	≥0.6	0.5~0.6	0.4~0.5
		嫁接愈合程度			愈合良好	
	根皮与茎皮				无新损伤	
	接穗品种芽眼数/个			≥5	≥5	3~5
	砧木萌蘖				完全清除	
	病虫害情况				无检疫对象	

第四章

葡萄科学建园

第一节 我国葡萄栽培区域

【知识链接】 葡萄对环境条件的要求

（1）**温度** 温度是影响葡萄生存最主要的条件之一。葡萄对低温的反应因种类和品种而异。在冬季休眠期间，欧亚种群品种的充实芽眼可忍受短时间 $-20 \sim -18$℃的低温，充分成熟的 1 年生枝可忍受短时间的 -22℃的低温，多年生枝蔓在 -20℃左右即受冻害。葡萄的根系更不耐低温，欧亚种群的龙眼、玫瑰香等品种的根系在 -4℃时即受冻害，在 -6℃时经 2 天左右即可冻死。欧美杂交种的一些品种如白香蕉、玫瑰露等的根系在 $-7 \sim -6$℃时受冻害，在 $-10 \sim -9$℃时可冻死。因此，在北方栽培葡萄时，要特别注意对枝蔓和根系的越冬保护工作。尽管有的地方冬季绝对低温并不低于 -18℃，但实践证明埋土植株果枝多，因此可把埋土越冬作为丰产措施之一。

春天，当地温达到 7℃以上时，大多数欧亚种群的葡萄品种的树液开始流动，并进入伤流期。当日均温度达到 10℃及以上时，欧亚种群的品种开始萌芽，因此把平均 10℃称为葡萄的生物学有效温度起点。美洲种群的品种萌芽所需的温度略低一些。葡萄的芽眼一旦萌动，耐寒力即急剧下降，刚萌动的芽可忍受 $-4 \sim -3$℃的低温，嫩梢和幼叶在 -1℃时即受冻害，而花序在 0℃时受冻害。因此北方地区防晚霜危害也是栽培上的重要措施之一。

春季随着气温的逐渐提高，葡萄新梢迅速生长。当温度达到 $28 \sim 32$℃时，最适宜新梢的生长和花芽的形成，这时新梢昼夜生长量可达 $6 \sim 10$cm。气温达 20℃左右时，欧亚种群葡萄即进入开花期。开花期间天气正常时，花期持续 $5 \sim 8$ 天，如遇到低温、阴雨、刮风等天气，当气温低于14℃时，不利于开花授粉，花期会延长几天。葡萄果实成熟期间需要28～32℃的较高温度，适当干燥。在阳光充足和昼夜温差大的综合环境条件下，浆果成熟快，着色好，糖分积累多，鲜食品质可大为提高。相反，低温多湿和阴雨天多，会使成熟期延迟，品质变差。

葡萄栽培中，常用有效积温作为引种和不同用途栽培的重要参考依据。例如，某地某品种是否有经济栽培价值，与该地日均温度等于或大于10℃以上的温度累积值有关。一般认为：极早熟品种需要积温2200～2500℃；早熟品种需要积温2500～2800℃；中熟品种需要积温2900～3100℃；晚熟品种需要积温3100～3400℃；极晚熟品种需要积温在3400℃以上。鲜食酿酒品种要求有效积温在3000℃左右，熟期早的品种积温低一些，熟期晚的积温可高一些，而制干品种要求的有效积温比鲜食和酿酒品种都要高。

(2) 光照 葡萄是喜光植物，对光照非常敏感。光照不足时，节间变得纤细而长，花序梗细弱，花蕾黄而小，花器分化不良，落花落果严重，冬芽分化不好，不能形成花芽，同时叶片薄、黄化，甚至早期落叶，枝梢不能充分成熟，养分积累少，植株容易遭受冻害或形成许多"瞎眼"，甚至全树死亡。所以，建园时应选择光照良好的地方，并注意改善架面的通风透光条件，正确决定株行距、架向，采用正确的整枝修剪技术等。

(3) 水分 土壤和空气湿度过低或过高都对葡萄生长发育不利。土壤干旱，会引起葡萄大量落花落果及果粒小、果皮厚韧、含糖量低、含酸量高、着色不良等恶果，严重干旱时，甚至使植株凋萎而死亡。浆果成熟期久旱骤雨，常使某些品种的葡萄发生裂果。

相反，土壤长期积水会使葡萄窒息死亡，所以在雨季低洼地要注意排水。空气湿度过大，不利于授粉坐果，更为真菌病害的侵染创造条件。浆果成熟期如果土壤水分过大，会降低浆果的质量和运输能力。

(4) 土壤 葡萄对土壤的适应性很强，除了极黏重土壤、重盐碱土不适宜生长发育外，其余如砂土、沙壤土、壤土和轻黏土，甚至含有大量沙砾的壤土或半风化的成土母质都可以栽培。但因葡萄根系需要较好的土壤通气条件，从优质葡萄产区来看，葡萄最喜土质肥沃疏松的壤土或砾质壤土。对砂土、黏土和盐碱地，需通过土壤改良，改善土壤物理、化学性状，并选用适当的葡萄品种，也可以建立葡萄园。

葡萄比苹果、梨、桃、杏等耐盐碱，可在pH 5～8的土壤生长，在pH 6～7的土壤中生长最好，在pH 8.5以上的土壤中易发生黄化病。土壤总盐量达0.4%，氯化物含量达0.2%，是生长的临界浓度，应进行洗盐排碱。

1. 冷凉区

冷凉区包括①甘肃河西走廊西部和中部、晋北和内蒙古土默川平原；②东北地区中部和北部、吉林通化地区。该区冬季气候严寒，生长期短，无霜期为120~130天，只能种植早、中熟的葡萄品种，必须使用贝达、山葡萄等抗寒砧木进行嫁接栽培，并且加厚冬季防寒埋土的厚度。其中，①部分区域日照充足，昼夜温差大，降雨量少，可以生产优质的欧亚种鲜食葡萄，也可作中国优质葡萄酒的原料基地；②部分区域雨量较大，在选择葡萄品种时要注意该品种对严寒和病害的抗性。

2. 凉温区

凉温区包括①河北桑洋河谷盆地、内蒙古西辽河平原、山西太原盆地和甘肃武威地区；②辽宁沈阳及鞍山地区。早、中、晚熟的葡萄品种均可栽培，但不适宜种植晚熟品种。提倡使用抗寒砧木并埋土防寒。其中①属半干旱地区，气候较干燥，阳光充足，昼夜温差较大，可以作优质鲜食葡萄和酿酒葡萄原料基地；②区成熟期降雨量较大，不宜发展优良的酿酒葡萄，应以鲜食为主。

3. 中温区

中温区包括①内蒙古乌梅地区和甘肃酒泉地区；②环渤海地区和山东半岛地区。目前，这些地区是我国葡萄的集中种植区，冬季需要埋土防寒。其中①气候干燥的地区，昼夜温差大，可作为欧亚种优质鲜食葡萄和葡萄干基地；②区成熟期雨量较大，在葡萄品种选择时，应适当注意抗病性。

4. 暖温区

暖温区包括①新疆的哈密和南疆地区；②关中盆地和山西南部的运城地区；③京津地区以及河北的中南部。这些地区早、中、晚熟品种均可种植，除②以外，冬季均需要埋土防寒。其中①气候温和干燥，昼夜温差大，日照充足非常适宜葡萄栽培，可以发展一些优质耐储的高档鲜食葡萄；②和③年降雨量为500~700mm，成熟季节降雨较多，以发展鲜食葡萄为主，其中京津地区已是我国优质酿酒原料基地之一。

5. 炎热区

炎热区主要包括新疆吐鲁番盆地和黄河古道地区。前者气候干燥，日照充足，热量极高，是我国最大最有名的葡萄干生产基地，但冬季须埋土防寒。后者日照充足，生长期长，但因夏季高温、多湿，故病害严重，但成熟期昼夜温差较小，适宜发展一些较耐湿热的葡萄品种，以生产上等葡萄酒和鲜食葡萄、制汁葡萄为主，冬季露地可安全越冬。

6. 湿热区

湿热区主要包括我国长江流域以南的广大地区。该区域热量充足，但阴雨天气多，光照不足，气温高，昼夜温差小，病虫害严重。应选择种植欧美杂交品种，种植欧亚种葡萄时要实行避雨栽培。

第二节 园地的规划

一、园地规划设计

选好建园地址后，山地和坡地要进行地形测量，并画出地形图，平地要画出平面图。先到现场在图上画出规划草图，后进行调整，制成正式规划图，并做出建园设计。园地面积较小的葡萄园，可在规划图附上设计说明书。面积大的葡萄园（10ha以上）规划设计要考虑以下5项内容，面积小的葡萄园（1ha以内）规划设计可参考部分内容。

1. 划分栽植区

根据地形、坡向、坡度、道路系统、排灌系统等划分若干栽植区，栽植区应为长方形，长边与行向一致，这样要有利于排、灌水和机械作业。

2. 道路和排灌系统

根据园地总面积的大小和地形地势，设主道、支道和作业道。主道应贯穿葡萄园的中心部分，面积小的果园可设1条主道，面积大的，主道可纵横交叉，把整个园区分割成若干个大区。支道设在作业区边界，一般与主道垂直。作业区内设作业道，与支道连接，是临时性道路，可利用葡萄行间空地。主道和支道是固定道路，路基和路面应牢固耐用，宽度应以常用的农用机械（如拖拉机等）通过为标准。

3. 栽种布局

葡萄园要有明确的主栽品种，不能过于混杂。一个小区、同一行或一个温室应栽植一个品种或成熟期相近的品种，同时要求管理特点，也应相似。有时一个地区或一个葡萄园只栽培一个品种，也是为了适应市场的需求。

4. 防护林

葡萄园设防护林有改善园内小气候，防风、沙、霜和雹等作用。境界林还可防止外界干扰。大的葡萄园，防护林带的走向应与主风方向垂直，有时还要设立与主林带相垂直的副林带。主林带由4～6行乔、灌木构成，副林带由2～3行乔、灌木构成。在风沙严重的地区，主林带间距为300～500m，副林带间距为200m。在果园边界设1～2行境界林。一般林带占地面积为果园总面积的10%左右。小的葡萄园可用境界林作为防护林。

5. 作业场所

根据葡萄园规模或需求有选择地设办公室、库房；温室；选果、分组、包装车间；生活用房和禽畜舍等，修建在果园中心或一旁，有主道与外界公路相连。科学安排及选择机电井的位置与动力规格。

为保证每年施足基肥，应预留有机肥发酵场地。按 1000 m^2 葡萄园施农家肥 5000 kg 设计肥源占地面积。有条件的大型葡萄栽培企业可考虑自建猪、鸡、牛、羊等畜牧农场，从而自行解决肥料供应问题，也可建生物有机肥厂或颗粒肥厂。

二、葡萄品种选择

葡萄品种选择是葡萄园建设中最基本的问题，重者关系到建园的成功与失败，轻者关系到经济效益的高低。首先应根据品种与砧木区域化和品种对环境的适应性、丰产性等选择品种，其次根据鲜食葡萄的生产方向，经济实力，栽培水平来考虑品种选择的问题。品种选择的原则如下：

1. 适应性和丰产稳产性

选择品种首先要考虑到该品种对当地气候的适应性，还要选择对当地气候条件最适合的品种，发挥其最佳栽培效益。

2. 生产方向与目的

所生产的鲜食葡萄是为了内销还是外销，要求品种不同。对国内市场，根据地域特点是为了满足应季消费还是经过储藏再销售，应选择不同成熟期或耐储运性的品种。

3. 经济实力与技术水平

经济实力强，技术水平高的产区，可以利用各种设施、各种手段排除不利因素，生产出符合国内、国际市场需求的优质葡萄。

4. 储运性

我国多年来推广的巨峰群欧美杂交种葡萄品种，由于果肉质地比较软、梗脆、果刷短等，故果实不耐运输和储藏，主要用于应季供应，价格很不稳定。经过我国葡萄科技工作者的努力，目前巨峰可储至春节前后，延长了葡萄市场供应期，价格是应季采收时巨峰葡萄价格的 2～3 倍，取得良好的社会效益与经济效益，但目前巨峰储藏方式不利于无公害葡萄的生产。近年来得到大面积推广的红地球葡萄及传统品种龙眼等欧洲种，由于果刷长、果肉质地硬或相对较硬，有良好的耐储运性和市场前景，正是这个原因红地球已经成为世界性公认的优良品种。

5. 果实品质

（1）外观性状　影响外观的因素是果穗的形状、大小、整齐度、松紧度，着色均匀程度，浆果的大小、形状、色泽及果粉的厚薄等。

（2）内在品质　果肉质地、香气、风味、果皮及种子都是影响品质的重要因素。果肉脆，肉质细，酸甜适口，香气浓淡适宜的品种深受大众欢迎。大多数鲜食品种的果实香型为果香型，但一般消费者更易接受玫瑰香型。

三、葡萄园的建立

1. 葡萄栽植

（1）挖栽植沟与回填　栽植沟的深度一般是60～80cm，宽度一般是80～100cm（图4-1）。挖沟前先按行距定线，再按沟的宽度挖沟，将表土放到一侧，心土放另一侧（不回填，放置于地表），一直按沟的规格挖成，然后进行回填土。回填土时，先在沟底填1层20cm左右厚的有机物（玉米秆、杂草等），若地下水位较高或排水不良的地块，可填30cm左右厚度的城市垃圾或炉渣（要求无污染物，符合无公害标准）作滤水层，再往上填表土，回填土要拌粪肥，即1层粪肥（厩肥+过磷酸钙）1层土，或粪土混合填入（图4-2）。每亩混合填入0.5万～0.7万kg土粪、200kg左右的磷肥。回填土应高出沟面10～20cm，低畦栽植回填土与沟面平行，灌水后沟土下沉10～20cm即符合要求。在土壤贫瘠的地块，一定要进行土壤改良工作，用园田表土或从园外取山皮土回填入沟。

图4-1　挖栽植沟

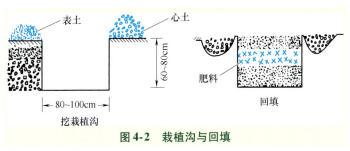

图 4-2　栽植沟与回填

(2) 苗木选择　经越冬储藏的苗木，根系不发霉（霉烂的苗木，根系用手一撸即脱皮，且变褐色），苗茎皮层不发皱（风干后皮层收缩发皱），芽眼和苗茎用刀削后断面鲜绿，即为好苗。合格的葡萄苗应具备 6 条以上直径为 2～3mm 的侧根和较多须根，苗茎的直径在 6mm 以上而且完全木质化，有 3 个以上饱满芽；整株苗木应具有无病虫为害、色泽新鲜、不风干等外部形态。嫁接苗的砧木类型应符合要求，嫁接口完全愈合无裂缝。

(3) 苗木栽前处理　首先对苗木进行适当修整，剪去枯桩和过长的根系，根系剪留长度为 10～15cm（图 4-3），其次将苗木置于多菌灵 1200 倍液中，浸泡 6～10h 杀菌消毒，同时使苗木吸足水分，然后可以直接栽植。如果对苗木成活率有疑义，也可把苗木放在室外荫棚内进行根系埋沙催根和催芽，分期分批选择芽眼已萌动、根系已长出愈伤组织或幼嫩小根的苗木进行栽植，其余苗木可继续催根和催芽，最后将芽眼不萌发或无望发新根的苗木废弃。

图 4-3　修剪根系

（4）栽植时期 北方栽植葡萄以春季山桃花开以后为适期，最理想的时期是20cm深的土壤温度为10℃时。沈阳地区一般在"劳动节"前后，即4月20日~5月5日，过早栽植，会因地温低，根系迟迟不活动，而降低苗木成活率。

（5）栽植密度 根据不同地理位置，冬季是否需要下架防寒等气候特点、地型（山地或平原）、土壤肥力状况、整形方式、架式特点、品种树势等栽植密度有差别。严寒地区葡萄需要培土防寒，栽植密度应小一些；高温、高湿的环境病害严重，栽植密度也不能过大；山地比平原光照充足，山地栽植密度应比平原大；肥沃的土壤栽植密度应比贫瘠土壤小；树势强旺的品种应稀栽。有关不同架式或整形方式的栽植密度详见表4-1。

表4-1　葡萄栽植密度

架式	整形方式	行距/m	株距/m	每亩株数/株
小棚架	单蔓龙干式	4.0	0.55	330
小棚架	双蔓龙干式	4.0	1.10	150
单壁篱架	单行单蔓	2.0	0.50	660
单壁篱架	单行双蔓	2.0	1.00	330
双壁篱架	单行单蔓	2.5	0.25	1060
双壁篱架	单行双蔓	2.5	0.25	530

（6）栽植管理技术

1）栽时挖大穴。在栽植畦中心轴线上按株距挖深、宽各30cm栽植穴（图4-4），穴底部施入几十克生物有机复合肥作口肥，上覆细土做成半圆形小土堆，将苗木根系四周均匀散开，覆土踩实，使根系与土壤紧密结合。栽植深度以原苗木根颈与栽植畦面平齐为适宜（图4-5）。过深土温较低，

图4-4　挖栽植穴

图4-5　栽植

氧气不足,不利于新根生长,缓苗慢甚至出现死苗现象;根系过浅,根部容易露出畦面或因表土层干燥而风干。为了提高苗木栽植成活率,可以提前用营养钵育苗,等苗木成活后再移栽到大田中,操作过程如图4-6~图4-8所示。

图4-6 栽苗

图4-7 回填土

图4-8 栽后苗木状态

2)覆膜。栽植后及时覆盖黑色地膜,保证含嫁接口部位以上露出畦面。黑色地膜具有对土壤保湿、增温、防杂草的作用,对提高苗木成活率有良好效果。

3)及时灌水和培土堆。根据土壤墒情,一次性灌透水。待水落后,在苗茎处培土(黑色地膜覆盖可以不培土),培土高度以苗木顶端不外露为宜。待苗木芽根开始膨大,即将萌芽时,选无风傍晚撤土,以利于苗木及时发芽抽梢。苗木栽后1周内，只要10cm以下土层潮湿，可不再灌水，以免降低地温和土壤通气性。当土壤干燥时，可随时少量灌水。

4）栽植后管理。苗木发芽后，根据整形需要选留主枝，多余新梢及时抹除，嫁接苗还要及时清除砧木萌蘖，以免消耗苗木营养，影响苗木发新根和新梢生长。

2. 葡萄架材的选用

葡萄架主要由立柱、横梁、顶柱、铁丝、坠线5部分组成，架材是建园中最大一项投资，应本着节约的原则，采用就地取材，分期建架的方法，以降低建园构成本。

（1）立柱　立柱是葡萄架的骨干，因材料不同可分为钢管柱、水泥柱、石柱、木柱、竹竿等。

（2）横梁　建立倾斜式棚架时要有横梁，臂架双十字倒"V"形（图4-9），要有横档（小横梁），水平连棚架，行长在50m之内，中间可用直径为4.06mm（8号）的铁丝、钢丝或直径为6mm的钢筋代作横梁，而超过50m后，应在行向每间隔50m左右设横梁（用圆木或铁管）棚架两头的边柱上必须设横梁。横梁用竹、木、铁管均可。

图4-9　臂架呈双十字倒"V"形

（3）铁丝　铁丝是组成架面承受引缚葡萄枝蔓的基础材料，应选用镀锌铁丝，以防止生锈。常用直径为4.06mm（8号）、直径为3.25mm（10号）、直径为2.64mm（12号）铁丝或用12号或18号的钢丝。

此外，每行架两头还需用坠线和锚石（图4-10），为加固水平连棚架，每行架两头还应采用顶柱（图4-11）。

第四章 葡萄科学建园

图 4-10 加设坠线和锚石后的葡萄园

图 4-11 架两头顶柱

3. 支架的建立

支架必须牢固，能经受葡萄枝蔓和果实的重负。

（1）**边柱的建立** 无论是篱架，还是棚架，边柱都承受整行架柱的最大负荷，它不仅承担架面的压力，还承受中间各架负荷的拉力。在选材上，边柱的规格要比中间立柱大20%以上，长20～30cm。边柱埋设有3种方法（图4-12）。

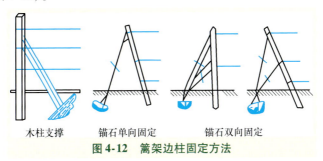

木柱支撑　　锚石单向固定　　锚石双向固定

图 4-12 篱架边柱固定方法

（2）**中柱的建立** 篱架行内每间隔5～6m直立埋设1根中柱，中柱埋入土中深约50cm，架中柱距葡萄栽植点的距离：单壁篱架为30cm；双壁篱架为25～35cm。

棚架行内每间隔4～5m直立埋设1根中柱，入土深度为50cm。架根柱距葡萄栽植点距离为50～60cm。架梢柱与架根柱相对应，两柱间隔距离视葡萄行距和棚架结构而异，一般以4m为宜。

（3）**横梁或横档的建立** 倾斜式棚架的架根柱和架梢柱顶端之间由横

51

梁联结。竹、木横梁、大头朝架根，小头向架梢；边柱上横梁由于承受整个架面负荷50%以上的拉力，需选直径最大，材质最佳的横梁。横梁与立柱之间用长杆螺栓固定牢，不得松动。篱架的横档，最好用长杆螺栓将它与立杆固定。

（4）**坠线与锚石的建立** 每行架柱的边柱外侧，都应设立坠线和埋设锚石。坠线一般采用双股直径为4.06mm（8号）镀锌铁丝，绑在边柱的上部，与边柱呈45°~50°角拉向地下，伸入地面70~80cm。下端系在长约50cm的水泥柱或锚石块上（图4-13）。

图4-13　埋没锚石

（5）**拉线** 每行架柱之间都由直径为4.06mm（8号）和直径为3.25mm（10号）的镀锌铁丝或直径为2.64mm（12号）和直径为1.22mm（18号）的钢丝，按50cm间距组成立架面和棚架面。铁丝由边柱或边柱上的横梁固定，顺行向立柱或横梁拉向另一头，用紧丝器拉紧并固定，以后每年春天葡萄上架前都要紧丝1次。

4. 设架方法

为了给葡萄提供良好的生长条件，促其早结果和早丰产，生产时要及时设置支架，且最好在葡萄第2年开始生长之前完成。由于支架要承担葡萄枝蔓和果实的重量，因此设置支架时要注意其牢固性和实用性。在此基础上再考虑节约架材。

（1）**篱架设置要点**

1）边柱的埋设和固定。1行篱架的长度为50~100m。每行篱架两端的边柱埋入土中的深度为60~80cm，甚至需要更深；边柱可略向外斜并用锚石固定，在边柱靠道路的一侧，约1m处，挖深60～70cm的坑，埋入约重10kg的石块，石块上绕8～10号的铁丝，铁丝引出地面并牢牢地捆在边柱的上部和中部。

边柱也可从行的内侧用撑柱（直径为8～10cm）固定。有的葡萄园在制作水泥柱时，即在边柱内侧中部作一凸起，以便撑柱固定。有园内小道隔断的葡萄行，当其相邻的两根边柱较高时，可以将它们的顶端用粗铁丝拉紧固定，让葡萄枝蔓爬在其上，形成长廊。

由于边柱的埋设呈倾斜状态，加上拉有固定锚石的铁丝，使葡萄行两头的土地利用不经济。为此，也可以将葡萄行两端的第2根支柱设置为实际受力的倾斜边柱。而将两端的第1根支柱直立埋设（入土50～60cm），与中柱相似（图4-14）。这样可使葡萄两端第一根支柱的受力不大，只需负荷两端第1根、第2根支柱之间的几株葡萄即可。国外也有设置2根边柱都受力的案例（图4-14）。

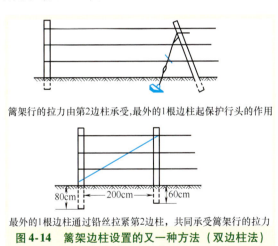

篱架行的拉力由第2边柱承受,最外的1根边柱起保护行头的作用

最外的1根边柱通过铅丝拉紧第2边柱，共同承受篱架行的拉力

图4-14 篱架边柱设置的又一种方法（双边柱法）

2）中柱的埋设和固定。行内的中柱间相距6～10m，埋入土中深约50cm。一行之内的所有中柱与边柱的高度相同，并处于行内的中心线上，偏差不宜超过10cm，中柱应垂直，向行间偏斜不超过2°，行内偏斜不超过5°。带有横杆的篱架（如T形架等），要注意保持横杆牢固稳定，离地高度和两侧距离要平衡一致。

3）铁丝的引设。在篱架上拉铁丝时，下层铁丝宜粗些，可用11～13号铁丝；上层铁丝可细些，宜用13～14号铁丝。在某些高、宽、垂整形的葡萄园内，支架下部第1道铁丝离地高度较高，承载龙干或枝蔓的负荷较大,这时需用较粗的铁丝(10号)。在设架和整形初期可先拉下部的1~2道铁丝,以后随着枝蔓增多再最后完成。

拉铁丝时,先将其一端在边柱上固定,然后用紧线器(图4-15)从另一端拉紧。拉力保持在50~70kg以上,不可过小。先拉紧上层铁丝,然后再拉紧下层铁丝。

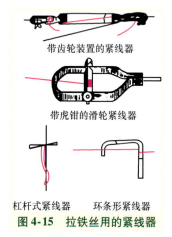

图4-15 拉铁丝用的紧线器

4)双篱架的设置方法。该方法多种多样:类似于双单篱架,篱壁可垂直于地面或稍倾斜;利用宽顶篱架或复十字架,两侧拉多道铁丝形成双斜面;此外,还有一种三角形架柱,在欧洲,一些葡萄种植园应用多年,可形成较牢固的双壁。这实际上是将两根单支柱下部靠在一起,使其呈交叉状埋入土中,并将呈"V"形开张的架柱顶端用长约1m的横杆连接和固定,在架柱外侧拉上铁丝即成。

(2)棚架设置要点 棚架的设置比篱架复杂,也较费架材。设置单个的分散棚架还比较灵活和容易调整,而设置连片的整体棚架就必须严格要求,从选材到设架的各个环节都要按照一定的标准高质量地完成。以河北怀来地区应用的网式水平棚架为例,结合江苏镇江按日本模式的平网大棚架的设架经验,说明其设置要点如下:

1)角柱和边柱的埋设和固定。葡萄棚架高1.8~2m(以普通人能在架下直立操作为准),呈四方形的每块园地的四角各设1根角柱,园地四周设边柱。每根边柱间距为3m。

首先埋设边柱。在地上按45°角斜向入土挖深45cm的坑(与地面的垂直深度约35cm),距边柱基部外1.5~2m处挖深约1m的坑,将重15~20kg的锚石埋入土中,锚石预先用双股8~10号铁丝或细钢丝缆缚紧,用以固定边柱。

角柱的埋设。将角柱以较大的倾斜角度埋入土中（与地面呈60°角），深50~60cm。由于角柱从两个方向受到的拉力更大，可用3~4股铁丝或钢丝缆缚紧大锚石（重约20kg），从两侧加以固定，角柱的顶端正位于相互垂直的两行边柱顶端连线的交点。

2）拉设周线和干线，组成铁丝网格。将葡萄园四周的边柱连同角柱的顶端，用双股的8~10号铁丝或钢丝相互连接，拉紧并固定，形成牢固的周线；相对的边柱之间，包括东西向和南北向的边柱之间，用8号铁丝拉紧，形成干线；在架柱之间拉8号铁丝形成的方格；再用12~15号铁丝拉设支线，纵横固定成宽30~60cm的小方格，逐步完成铁丝网络。

3）中柱的设立。在拉设好干线、初步形成铁丝网格后，在干线的交叉点下将中柱（或称撑柱、顶柱）直立埋入土中，底下垫一砖块，埋入深度为20~30cm。中柱的顶端预留有约5cm长的钢筋或设有十字形浅沟，使交叉的干线正好嵌入其中，再用铁丝固定，注意保持中柱与地面的高度，使之处于垂直状态。

4）架材的规格和用量。各类水泥柱及铁丝的规格（长度、直径等）和用量，因地区、园地和具体棚架设计的不同而有所变化，但基本上可互相参照，结合实际应用。建立网式水平棚架所需的架材规格和用量见表4-2，表4-3。

表4-2 水泥柱规格及材料

棚架面积/亩	柱的种类	柱的尺寸要求		
		纵径/cm	横径/cm	长度/m
1~2	角柱	12	10	3.3
	边柱	10	8	2.8
	中柱	5	5	2.1
5~8	角柱	14	11	3.3
	边柱	11	9	2.8
	中柱	5	5	2.1
10~15	角柱	16	13	3.3
	边柱	12	10	2.8
	中柱	5	5	2.1

表4-3 棚架材料需要量

材料 \ 面积	0.1ha		0.3ha	
	18m×54m	27m×36m	36m×81m	54m×54m
角柱/根	4	4	4	4
边柱/根	60	54	100	92
中柱/根	161	165	525	529
铁丝/kg 6号	26.3	22.5	37.5	33.8
8号	48.7	41.3	93.8	86.3
10号	60.0	60.0	172.5	168.8
15号	120.0	120.0	319.0	300.0

四、葡萄架式

葡萄为多年生藤本植物，枝蔓比较柔软，不能直立生长，栽培时必须建立支架支撑（架式）。目前生产上应用较多的架式有篱架（图4-16）和棚架（图4-17）2类。

图4-16 篱架

图4-17 棚架

1. 篱架

架面与地面垂直或略为倾斜，葡萄枝蔓分布在上面形成篱壁状。篱架主要适宜干旱地区以及生长势较缓和的品种。一般采用南北行向栽植。篱架通风透光好，容易支架，节省架材，方便管理，适合机械化作业。篱架具体类型、结构及特点见表4-4。

表4-4 篱架类型、结构及特点

篱架类型	架式结构	示意图	特点	适用情况
单篱架	架高150~200cm，行内每500~600cm设1根支柱，支柱上最下面第1道铁丝距地面50~60cm，以上间距40~50cm拉1道铁丝		通风透光好，作业方便，但有效架面较少，影响结果量，枝蔓结果部位低，易感染病害	适合冬季不下架防寒或埋土较少的地区和生长势较弱的葡萄品种
双篱架	架高150~220cm左右。沿行向在植株两侧立2行单篱架，呈倒梯形，底部间距60~70cm，顶部间距100~120cm		有效架面比单篱架大，单位面积产量较高。通风透光条件不如单篱架，易发生病虫害；对肥水和植株管理要求较高；架材投资大	适合光照、肥水管理条件较好的园地和生长势较弱的葡萄品种
宽顶单篱架（"T"形架）	在单篱架的顶端沿行向垂直设1根长60~80cm的横梁，使架面呈"T"形。在横梁两端各拉1道铁丝，在立柱上拉1~2道铁丝		架面增大，通风透光，较单篱架增产；果穗病虫害轻，品质优，省工，易管理，利于机械化作业。但制作安装费工费料	适合不防寒地区生长势较强的葡萄品种
双十字"V"形架	由1根立柱，2根横梁（上横梁长80cm，距地面150~155cm，下横梁长60cm，距地面115cm和150cm处各拉2道铁丝），3层共6道铁丝（立柱距地面90cm、115cm）组成		叶幕层受光面积大，光合效率高，萌芽整齐，新梢生长均衡，以及通风、透光条件好，但产量不如棚架高	适合我国南方地区

2. 棚架

架面与地面平行或倾斜，葡萄枝蔓均匀分布于架面上形成棚面。棚架适用于北方葡萄埋土防寒地区、南方高温多湿地区、丘陵坡地及庭院中。

棚架利于降低地温和气温,加大昼夜温差,利于提高果实品质,架面不荫蔽时利于减轻病害。生产中常用的棚架类型、结构及特点见表4-5。

表4-5 棚架类型、结构及特点

棚架类型	架式结构	示意图	特点	适用情况
水平棚架	架高180~220cm,立柱间距400~500cm,架顶端纵横拉上钢丝或铁丝,呈水平棚面。四周边线及与葡萄行垂直的每排立柱的顶端都拉骨干线,与骨干线呈垂直方向每隔50cm拉1道铁丝		通风、透光良好,果品质量高,病虫害轻;架下空间大,便于小型机械作业。但前期产量较低;不利于上、下架	适合平地葡萄园和生长势较强的葡萄品种
倾斜大棚架	架长800~1000cm,架根高100cm,前柱高200~250cm,架根和前柱中间每隔400cm左右设立1根中柱,架根和前柱上设横杆,横杆上沿行向每隔50cm拉1道铁丝,形成倾斜式架面		架面离地面较高,能有效控制病虫害。但棚面过大,管理不当易出现枝蔓前后长势不均衡,结果部位外移,影响产量	适合南方地区、地形复杂的山坡地和生长势比较强的葡萄品种
倾斜小棚架	架长400~600cm,一般架根高100~150cm,前柱高200~220cm。在前柱和后柱间搭设横杆,由前柱到后柱每隔50cm顺行向拉1道铁丝,组成倾斜棚面		主蔓较短,上、下架方便;前后生长均衡,容易调节树势;产量稳定,通风透光好,果实品质佳	适合埋土防寒地区、丘陵坡地和生长势中等的葡萄品种
篱棚架	其基本结构与小棚架相同。架长400~600cm,但架根提高到150~160cm,前柱高200~220cm		兼有篱架和棚架的优点,能充分利用空间,但管理非常不方便	适合北方区和埋土防寒地较强的葡萄品种

五、葡萄定植当年管理

当年定植的苗木,要实现第 2 年丰产,必须在定植当年对根系加强管理来增加植株生长量。加强枝蔓管理,尤其是通过夏季修剪和病虫害防治来促进植株健壮生长。主要管理内容如下:

1. 补苗

无论是定植营养袋苗还是带根苗木,在确定苗木是否成活后,当发现死亡的苗木要及时进行补苗。补苗可以用营养袋苗,也可在第 2 年春季进行。

2. 抹芽定梢

苗木萌芽后,及时抹除嫁接苗砧木上的萌蘖,以免影响接穗芽眼萌发和新梢生长。保留 2 个靠近苗木基部已经萌发的壮芽,但不留双芽。当第 1 个新梢普遍长到 20~30cm,少数壮苗长到 40~50cm 时,按整形要求选出主蔓加速培养。单蔓整形时疏除较弱的新梢,每个苗只保留 1 个新梢(图 4-18)。双蔓整形时 2 个新梢均保留。

图 4-18 保留 1 个新梢苗

3. 新梢绑缚除卷须

葡萄定梢后,要对新梢进行固定,以防枝蔓被风吹折。方法如下:在苗木周围设立竹竿作为支架,将新梢绑缚于竹竿上(图 4-19,图 4-20),或在苗木周边插个小木桩,其上系好渔线(图 4-21),使新梢缠绕在线上;或者将其绑在铁丝上(图 4-22,图 4-23)。当苗木新梢长至 10~12 片叶时,即可进行绑缚,并且随生长随绑缚,以防枝蔓被风吹折。生长季中随时去除卷须（图4-24）。

图4-19　竹竿绑缚

图4-20　竹竿绑缚后的葡萄架

图4-21　渔线绑缚

图4-22　铁丝绑缚

图4-23　铁丝绑缚后的葡萄架

图4-24　随时除去卷须

4. 新梢摘心和副梢处理

为保证枝蔓的生长粗度和成熟度，使主蔓的各个部位均能形成充实饱满的冬芽，生长季要对新梢进行多次摘心，并及时、正确处理副梢。方法：随着苗木新梢的生长，随时抹除距地表30cm以下叶腋中的副梢。距地表30cm以上叶腋中的副梢，每次留1片叶反复摘心（图4-25，图4-26）。生长期较长的地区，也可以在距地表50cm以上选留副梢作为第2年的结果母枝，对这类副梢保留7~8片叶摘心，并严格控制其上的多级次副梢，以促进副梢的增粗和花芽分化。

图4-25 副梢留1片叶摘心　　图4-26 留1片叶摘心后的葡萄

北方地区，当主梢长度达到1.0~1.4m时，对主梢进行第1次摘心，最迟不晚于7月上中旬。然后只保留先端1个副梢延长生长。看副梢的梢头"长相"确定副梢摘心的时间及方法，具体可参考表4-6。

表4-6 副梢摘心的时间及方法

副梢梢头长相	副梢摘心时间及方法
梢头弯曲生长且角度大于60°	当顶端副梢长至0.5~0.7m时，对其进行摘心。摘心后保留顶端第1个二次副梢延长生长，其他二次副梢每次留1~2片叶反复摘心。对二次副梢延长梢再留3~6片叶进行摘心，若长势强则多留叶，长势弱则适当少留叶
梢头不弯曲或弯曲角度小于30°	对顶端延长的一次副梢保留2~4片叶反复摘心

5. 土肥水管理

土肥水管理是葡萄早期丰产栽培的关键。刚栽植的幼苗应注意保持土壤湿润。当土壤干旱时，要及时灌水（图4-27）。雨季应及时排水，避免积水造成涝害。当新梢长30~35cm时，在距苗木30cm左右处，开环状沟，然后每亩施入尿素15~20kg，施肥后浇水，待土壤略干后及时松土。定植当年的苗木施肥时要勤施少施，每20~30天追肥1次，前期以氮肥为主，以促进苗木迅速生长；后期以磷钾肥为主，以利于花芽形成和促进枝条成熟，每年追施3~4次即可。

图4-27　葡萄园灌水

为避免地温降低，影响幼苗根系生长，早春灌水量不宜过大，以湿透干土层为宜；生长后期施肥时，应注意开沟的位置要适当外移，肥料的用量可根据苗木生长势酌情增减。

6. 去老叶

北方地区在8月上中旬，南方地区在8月下旬以后，要及时摘除植株上新发出来的嫩梢、嫩叶，同时去除植株下部黄化衰老的叶片，以改善葡萄架的通风透光条件，以减少营养的消耗和病虫害发生的概率。

7. 病虫害防治

苗木定植当年虫害主要有绿盲蝽、金龟子等，要注意对其进行防范。病害主要是叶片病害。因环境条件不同，发生的病害也不同。在高温、降雨频繁时，苗木易得霜霉病；高温、高湿、不降雨时，苗木易得白粉病；低温且降雨频繁时，苗木易得黑痘病。对发病的葡萄园，要及时喷药治愈，避免苗木出现早期落叶现象，否则葡萄很难越冬。

8. 冬季修剪及埋土防寒

（1）冬季修剪　北方葡萄冬季埋土防寒地区，冬剪要在早霜来临后，葡萄叶片干枯脱落、表层土壤没有结冰前进行。长城以北地区在10月上中旬，长城以南地区在10月下旬～11月上中旬。不埋土的地区冬剪一般在1月中旬～2月中旬进行。

定植后第1年冬剪的剪截位置与植株的架式、生长势、管理水平、树形等息息相关。如为龙干形整形，冬剪剪留长度为1～1.5m。植株生长强旺，剪留长度可到1.5m处（图4-28），但不要超过2m；生长中庸的植株，剪留长度在1～1.2m；生长势弱的植株，一般剪截到枝梢成熟和不成熟交界处。

对于主梢上发出的副梢粗度为0.5cm时，可留1～2个芽短截，作为第2年的结果母枝。

（2）清园　修剪后，清除枯枝、落叶、杂草，带出园外或集中处理。

（3）下架防寒　为防止将枝蔓压倒时断裂，下架时将枝蔓基部垫上枕土，然后将枝蔓压倒，捆好，一株挨一株顺序放在地面（图4-29）。

北方地区冬季严寒，要进行适时防寒。防寒方法：一是枝蔓下架后浇足防寒水；二是埋土防寒。近年来辽宁省熊岳地区采用2层草苫+1层无纺布的防寒方法，之后再在无纺布上覆盖适量土进行防寒（图4-30），此法效果较好，值得推广。

图4-28　植株冬季冬剪，1.5m处短截

图4-29　枝蔓基部垫枕土

图4-30　无纺布防寒方法

第五章 葡萄整形修剪

【知识链接】 葡萄枝蔓

葡萄具有攀缘生长的特性，其枝干通常称为枝蔓，它是葡萄植株地上部的主要器官，其构成部分见表5-1。

表5-1 葡萄枝蔓的构成

枝蔓构成	含义	示意图
主干	从地面发出的单一树干	
主枝	主干上的一级分枝	
侧枝	主枝上着生的多年生枝	
结果枝组	主枝上分生出来的2年以上枝龄的生长结果单位	
结果母枝	是当年成熟的新梢在冬剪后留下的1年生枝	
新梢	新梢是从结果母枝上抽生的带有叶片的当年生枝。着生果穗的新梢称为结果新梢，不具有果穗的新梢为营养新梢	
副梢	是由夏芽或冬芽萌发形成的当年新梢	

》》》 一、葡萄常用的树形 《《《

葡萄的树形和架式息息相关。篱架树形主要有多主枝扇形和水平形，棚架树形主要有龙干形，具体树形及结构特点见表5-2。

表5-2 葡萄树形结构特点

架式	树形	树形结构特点	示意图
篱架	无主干多主枝自然扇形	没有明显的主干,每株有主枝3~5个(单篱架)或7~8个(双篱架)。主枝上不规则地配置1~3个侧枝,每个侧枝上配置2~3个结果母枝。主、侧枝的中下部留少量预备枝,各种枝枝呈扇形均匀分布于架面上	
	无主干多主枝规则扇形	每株有主枝3~5个,不留侧枝;每个主枝上直接配置1~3个由长、短梢组成的结果枝组,每个枝组中选留1~2个结果母枝和1个预备枝;主枝呈扇形排列在架面上,结果枝组按一定距离规则地排列在主枝上	
	水平形	分为单臂、双臂、单层、双层、多层等多种形式。生产中应用较广泛的有单层单臂和单层双臂水平整形。单层双臂水平形的植株具有0.6~1.5m高的主干,在主干顶部分生2个主枝,朝相反方向沿铁丝水平延伸。主枝上直接着生结果枝组,结果枝组上着生结果母枝母枝上分生新梢	

(续)

架式	树形	树形结构特点	示意图
棚架	龙干形	包括独龙干、双龙干和多龙干，各龙干间的距离为50~70cm。树形结构：从地面直接选留主枝，主枝的背上或两侧每隔25~30cm着生1个枝组，每个枝组着生1~3个短结果母枝，呈龙爪状	独龙干 双龙干 多龙干
	"H"形树形	干高150~170cm，干顶部着生2个对生的主枝，主枝上再分出4~8个侧枝，同侧侧枝间距180~200cm，呈单"H"或双"H"形，新梢由侧枝分生而成，每年进行单芽或痕芽的超短梢修剪	主枝 侧枝 侧枝 主枝
	"X"形树形	该树形从地面单主枝直上，距棚面130~150cm处开始双叉，每叉伸展离中心200cm，再各分2个主枝，共4个主枝，俯视呈"X"形。每个主枝上再适度选留侧枝2~4个，侧枝上再适度选配结果母枝，新梢则水平牵引于棚面绑缚。各枝条按其形成的先后所占架面面积不同	侧枝 主枝 主干

二、葡萄整形修剪的原则

葡萄整形修剪，可以使植株具有牢固的骨架、科学的结构、丰满的枝组和发育良好的结果母枝。同时能充分利用架面空间和光能，调节好生长和结果的关系，从而达到丰产优质的目的。整形修剪时遵循的原则见表5-3。

表5-3 葡萄整形修剪的原则

原　则	具体要求
考虑品种特性	生长势强的葡萄品种，适当稀植并选择较大的树形；生长势较弱的葡萄品种适当密植并选择较小的树形。结果母枝基部芽眼不易形成花芽或形成花芽质量差的葡萄品种，采用中长梢修剪；结果母枝基部芽眼易形成花芽的葡萄品种，采用短梢或极短梢修剪
考虑立地条件	冬季无须埋土防寒、夏季高温高湿、病虫害严重的地区，采用有较高主干的整形方式；冬季需埋土防寒地区，篱架栽培植株宜采用矮主干或无主干多主枝的整形方式
考虑栽培管理水平	管理水平较高的园地，可采用负载量较大的架式和较大树形及株行距的整形方式；反之则应选择负载量较小的架式和较小树形及株行距的整形方式
规范整形	应采用较规范化的整形方式，使植株的主要骨架和结果枝组构成（包括其数量、配置方式和部位）都有一定的规范。对机械作业较多的大型葡萄园，采用的株形及架式均能适应机械化管理的要求

三、葡萄主要树形整形过程

1. 多主枝扇形整形

（1）无主干多主枝自然扇形　一般在3~4年内完成整形，具体整形过程见表5-4。

表5-4　无主干多主枝自然扇形的整形过程

时期	整形方法	示意图
第1年	春季：定植时留3~5个芽剪截。萌芽后选留3~4个健壮新梢作主枝，其余全部去除 夏季：新梢长到80cm时摘心，顶端发出的第一副梢留3~5片叶反复摘心，其余副梢留1片叶反复摘心 冬季：冬剪时，壮枝留50~80cm短截，成为主枝。弱枝留30cm短截，第2年继续培养主枝	第1年冬剪后的树状
第2年	春季：每一主枝上选留顶端1个粗壮的新梢作为主枝延长枝，选留1~2个侧生新梢作为侧枝 夏季：延长梢达70cm时，摘心。侧枝新梢留40cm摘心，以后可参照第一年的方法摘心 冬季：冬剪时主枝延长枝留50cm短截。生长势强的侧枝留4~6个芽短截，生长势弱的侧枝留2~3个芽短截，以便下一年培养结果枝组	第2年冬剪后的树状
第3年	春季：每一侧枝上抽生的新梢中，选留2~3个新梢作为未来的结果母枝，结果母枝相距10~15cm 夏季：新梢达70cm时摘心 冬季：冬剪时主枝延长枝留50cm短截，侧枝留2~6个芽短截，根据品种和树势的不同，结果母枝留2~5个芽短截	第3年冬剪后的树状
第4年	当主枝高度达到第三道铁丝并且有3~4个枝组时，整形基本完成。以后主、侧枝延长枝可按结果母枝长度剪截，并注意回缩更新，以保持株形大小和植株健壮生长。结果母枝根据长势，采取长中短梢修剪方法	

（2）无主干多主枝规则扇形　具体整形过程见表5-5。

表5-5　无主干多主枝规则扇形整形过程

时期	整形方法	示意图
第1年	春季：定植时留3~5个芽剪截。萌芽后选留3~4个健壮新梢作主枝，其余全部去除 夏季：新梢长到80cm时摘心，顶端发出的第一副梢留3~5片叶反复摘心，其余副梢留1片叶反复摘心 冬季：冬剪时，壮枝留50~80cm短截，成为主枝。弱枝留30cm短截，第2年继续培养主枝	第1年冬剪后的树状
第2年	春季：从每一主枝上抽生的新梢中，选留顶端1个健壮新梢作为主枝的延长枝，选留1~2个侧生新梢用来培养枝组 夏季：延长枝达70~80cm时摘心，侧生新梢40~60cm摘心，副梢可参照第1年的方法处理 冬季：冬剪时延长枝留50cm短截。其余侧枝留2~3个芽短截，以便第2年培养结果枝组	第2年冬剪后的树状
第3年	春季：每一侧枝选留2个新梢培养成枝组 夏季：新梢达70cm时及时摘心 冬季：冬剪时主枝延长枝留50cm短截；枝组内上位枝，根据枝条强弱、植株负载量等留5~8个芽短截作为结果母枝，下位枝留2~3个芽短截作为预备枝，形成一长一短的结果枝组	第3年冬剪后的树状
第4年	结果母枝上发出的新梢作结果枝用，结完果后，从结果母枝的基部剪去。预备枝上发出的新梢，留2个作营养枝，冬剪时将2个枝条按一长（上方）一短（下方）修剪，形成新的结果枝组。每个主枝高度达到第3道铁丝并且有3个枝组时，整形基本完成	

2. 水平形整形

以单层单臂水平形和单层双臂水平形为例,说明其整形过程,具体见表5-6、表5-7。

表5-6　单层单臂水平形整形过程

时期	整形方法
第1年	定植当年留1个新梢作主枝培养,引缚上架使其直立生长。冬剪留1.5m左右,将其水平绑缚于第1道铁丝。如果株距小于1.5m,当年即可成形
第2年	当年即可成形抹芽定枝时,主枝上每米留6~7个结果新梢,间距15cm,其余新梢全部抹除。冬剪时留2~3芽短截成为结果母枝,过密枝从基部疏除。对主枝延长枝视株间空间大小或剪或留
第3年	对水平枝上的结果母枝,通过抹芽、定枝仍按每15cm留1个新梢的密度保留。结果母枝发枝后,选留2个新梢分别作为结果枝和预备枝培养结果枝组,冬剪时分别留2~3个芽和4~6个芽剪截。以后每年对结果枝组更新修剪

表5-7　单层双臂水平形整形过程

时期	整形方法
第1年	苗木定植后,选留1个强壮新梢作主干培养,当主干达到预定高度后摘心,然后选留前端2个较强壮副梢作为主枝培养,为加强其生长势,注意要直立向上引缚。冬季修剪时,在主枝直径为1cm左右的成熟节位处剪截
第2年	葡萄萌芽前,将去年选留的2个主枝沿铁丝向相反方向水平引缚。萌芽后,在2个主枝前端各选1个强壮新梢,进行直立引缚,作为主枝延长枝,有花序的把花序疏除。其余新梢疏去过密、过弱梢,每10~15cm保留1个结果新梢,每梢留1个花序结果。冬剪时,主枝延长枝长剪,其余结果母枝留2~3个芽短截
第3年	春季把主枝延长枝沿铁丝水平引缚。主枝长度不足时,仍需选留新的延长枝继续培养主枝,主枝上的其余新梢按10~15cm间距选留结果新梢,向上引缚,使其结果。冬剪时,主枝延长枝在预定长度处剪截,主枝上新的结果母枝留2~3个芽短截,老的结果母枝已构成结果枝组,将过密、过弱枝组疏除

3. 龙干形整形

以独龙干为例,具体整形过程见表5-8。

表 5-8 独龙干的整形过程

时期	整形方法	示意图
第1年	植后留 2~3 个芽进行剪截，萌芽后，选留 1 个生长健壮的新梢向上引缚培养为主枝，其余抹除。夏季当新梢长至 1.5m 左右时摘心，最晚不能晚于 8 月中下旬。定期对其上发出的副梢留 1~2 片叶反复摘心。冬剪时，剪留长度为 1.2~1.5m，所有副梢全部去除。若主枝粗度小于 0.8cm，留 3~5 个芽平茬，次年重新培养主枝	第1年冬剪后的树状
第2年	春季发芽后选留顶端健壮新梢作为主枝的延长枝，抹除龙干基部 30cm 以下的芽，其上每隔 20~30cm 留 1 个壮梢作结果枝。夏季主枝的延长枝留 15~18 片叶摘心，营养枝和结果枝均留 8~12 片叶摘心。枝条顶端副梢留 3 片叶反复摘心，其余副梢留 1 片叶反复摘心。冬剪时，主枝每隔 20~30cm 留 1 个结果母枝。主枝延长枝剪留 12~15 个芽，其余结果母枝都留 2~3 个芽短截	第2年冬剪后的树状
第3年	在主枝延长枝上继续选留结果新梢，方法同第 2 年。春季在上年培养的结果母枝上，各选留 2~3 个好的结果枝或营养枝培养枝组。夏季留 8~12 片叶摘心并及时处理副梢。冬季修剪时，可参考上年修剪方法继续培养主枝和结果枝组	第3年冬剪后的树状
第4年	第 4 年以后各年的冬季，将龙枝逐渐回缩，由下面的 1 年生枝作延长枝，以促进下部芽的萌发，防止基部光秃	第4年冬剪后的树状

4. "H"形树形整形

"H"形树形,具体整形过程见表5-9。

表5-9 "H"形树形整形过程

时期	整形方法	示意图
第1年	定植的第1年,苗木萌芽后,选择1个强旺新梢,沿支柱垂直牵引。苗木上萌生的其他新梢则抹除。新梢下部所发的新梢一律留2~3片叶摘心,但在新梢高度150cm处所发出的强旺副梢可不摘心,斜向上牵引。新梢在160~170cm的高度超选留副梢的相反方向水平牵引,培养为第一主枝。副梢则培养为第二主枝。其后发生的副梢每隔10~15天摘心1次,防止主枝长成扁平的枝条。冬季修剪时剪截至主枝延长枝第1次摘心的位置即可,不宜过长	第1年冬剪后的树状
第2年	第一主枝弯曲部位所发生的强旺副梢则沿主枝方向笔直延伸30cm后,向第一主枝的相反方向弯曲,形成第三主枝;第二主枝并在弯曲处选留1个强旺的副梢沿主枝方向延伸30cm后,朝第一主枝的相同方向弯曲成为第四主枝。同样方法培养出第五~第八侧枝,形成双"H"形的树形。主、侧枝延长枝及其副梢的管理同第一年。主枝延长枝以外的新梢可适度挂果,但不宜过多挂果。冬季修剪时,主枝延长枝留20芽左右(约200cm)短截,不可过长,太长会导致结果枝间的势力不均衡及树势衰弱	第2年冬剪后的树状

（续）

时期	整形方法	示意图
第3年	定植第3年及其之后，主枝延长枝的管理参照第2年进行。注意各主、侧枝之间的平衡，并注意缓和结果枝组的生长势力	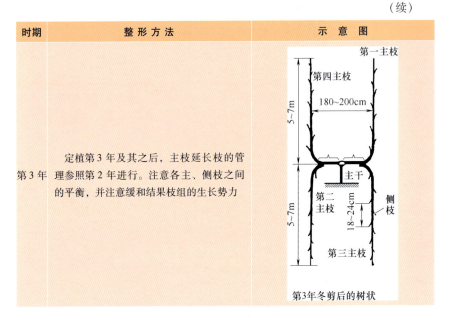 第3年冬剪后的树状

5. "X"形树形整形

"X"形树形，具体整形过程见表5-10。

表5-10 "X"形树形整形过程

时期	整形方法	示意图
第1年	定植后第1年，发芽后在苗木上部选留长势旺盛的1个新梢垂直牵引、绑缚在立柱上，新梢上所发副梢留2～3片叶摘心，但在130～150cm范围的副梢，可选择方位合适、势力强壮的副梢斜向上牵引。新梢延伸180cm以上时，在选留有强旺副梢的位置上部弯曲牵引至水平状态作第一主枝预备枝，该副梢也在同样高度向相反方向弯曲，做第二主枝预备枝。对牵引至水平的2个主枝上的副梢，原则上留2～3片叶摘心，但如果生长势力强旺，可在距主枝基部200cm部位附近选留1个强旺副梢，作第三、四主枝预备枝培养。到8月下旬～9月上旬，所有主、副梢都要摘除梢端3～4cm幼嫩部位，以促进主、副梢的充实和成熟。落叶后至12月底以前，所有成熟良好的主、副梢留2/3的长度短截	第1年冬剪后的树状

(续)

时期	整形方法	示意图
第2年	定植后第2年，对第一、二主枝预备枝，要通过目伤、降低主枝前部高度等方法，尽量促使芽萌发，增加叶面积。在第一、二主枝势力差异大时，第一主枝可以适当挂果，以分散势力。在第一、二主枝先端所发新梢中选择健壮者作主枝延长枝，促使树冠继续扩大。新梢上所发的副梢，视周围新梢密度可适当培养成结果母枝，其余副梢留2~3片叶摘心。在距第一、二主枝基部200cm附件部位所萌发的新梢中选择方位合适、势力强旺的枝斜向上牵引，作第三、四主枝预备枝培养。对第三、四主枝预备枝上所发副梢留2~3片叶摘心，以促进主枝预备枝健壮生长强旺的新梢和副梢在8月下旬、中庸新梢和副梢在9月中下旬摘心，以促其充实、成熟。冬季修剪在12月中旬前完成，健壮强旺新梢留20~30个芽剪截，中庸新梢留10~15个芽剪截，2~3个芽的副梢也可不进行剪截	第2年冬剪后的树状
第3年	定植后第3年，重点是培养好第三、四主枝，继续培养第一、二主枝。对第三、四主枝，要通过目伤、降低主枝前部高度等方法，尽量促使芽萌发，增加叶面积。在第三、四主枝先端所发新梢中选择健壮者作主枝延长枝，促使树冠继续扩大。新梢上所发的副梢，视周围新梢密度可适当培养其成结果母枝，其余副梢2~3片叶摘心。冬季修剪同第2年，为避免过重修剪，尽量多留芽、多发枝，保持地上部和地下部、主枝间的势力平衡	第3年冬剪后的树状
第4年	定植4年以后，侧枝、结果枝组基部已经很粗，占有空间相当大，侧枝间、枝组间重叠严重，生长、结实性能下降，要及时疏除更新。对一些预定疏除的大侧枝或结果枝组，在当年夏季，用铁丝或细绳在其基部束缚，形成痕缢，可缩小冬季修剪时的伤口面积，并通过附近枝组或主枝的拉动，填补疏除后的空当	第4年冬剪后的树状

四、几种主要修剪方式

完成整形以后，每年冬季进行修剪，并及时进行结果枝组和骨干枝的更新。时期应在落叶后树体养分充分回流之后至次年树叶开始流动前。

1. 短梢修剪和超短梢修剪

为了防止结果部位的外移而远离主枝或侧枝，冬季修剪时，对成熟的1年生枝留1~3节修剪方法，称作短梢修剪，适合于龙干形整枝的修剪。在日本冈山等地，对白玫瑰香、先锋、康拜尔早生等品种仅留1个芽或基芽修剪（图5-1），这种极重修剪又称为超短梢修剪。短梢修剪具有简单易学，便于普及的优点，但因修剪极重，次年新梢势力容易过强，引起落花落果。

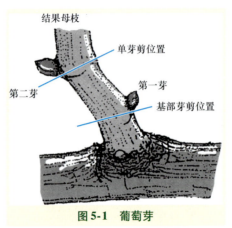

图5-1 葡萄芽

（1）**成龄树结果枝** 对结果母枝上所发的结果枝留第一芽短截，为了防止剪口干燥导致芽干枯，在前一个芽的节下部剪，剪口要平齐。树龄大，主枝上常常出现结果母枝缺损，造成局部空干时可进行留2个芽甚至3个芽短截（图5-1），以确保结果枝数量。

（2）**幼龄树结果枝** 上一年主枝延长枝上长出的结果母枝，第一节往往较长，为了防止结果部位远离主枝，在基底芽发育充实时，可行基底芽修剪，即在第一芽的节下部剪短截。基底芽修剪，发芽稍微迟缓，容易造成新梢势力的不均衡，故需谨慎使用。

2. 中长梢修剪

冬季修剪时，对成熟的1年生枝留4个芽以上的修剪方法，称为中长梢修剪，适合于篱架形整枝和"X"形枝的修剪方法。其中留4~6个芽的修剪称为"中梢修剪"，留6~9个芽的修剪称为长梢修剪。在日本山梨、长野和爱知等葡萄产区，对先锋、巨峰等四倍体品种采用超长梢修剪，一般中庸枝留 10～15 个芽修剪，对一些粗壮的 1 年生枝，留 30～35 个芽修剪。

主枝延长枝的修剪，也不能剪留过长，以避免形成无结果枝的空干，一般剪留长度尽量控制在 20 个芽左右，对延长枝上的副梢留 1 个芽短截。

3. 主枝、侧枝、结果枝组和结果母枝的更新

（1）主枝、侧枝更新　主枝、侧枝的枝龄过大，有时会出现结果枝组衰弱或缺少的情况，可从主干上部或近主干部位隐芽所发出的徒长枝中选择势力强、角度方向适宜的作主枝。原有的主枝、侧枝至新主枝、侧枝前部 10cm 左右有分枝处缩剪，待 1～2 年后，新主枝、侧枝成形时，再完全疏除。

（2）结果枝组或母枝更新　结果枝组或母枝远离主枝、侧枝时，要及时回缩基部使其靠近主枝，着生方位和角度都比较合适的母枝。也可就近从主枝选择合适的 1 年生新枝或萌枝短截培养。结果母枝则需每年更新，对基底芽或母枝基部第一、二芽花芽形成良好的品种，常用单枝更新法更新，即当基底芽或第一芽发育好时，可连年进行超短梢修剪，可保持结果部位不远离主枝、侧枝；对基底芽或母枝基部花芽形成不良的品种，则要用双枝更新法更新，即结果母枝长至 3～5 节短截，在结果母枝的基部或基部附近选 1 个 1 年生枝进行超短梢修剪作预备枝，次年结果母枝所发新梢结果后，回缩至预备枝，保持结果部位不远离主枝、侧枝。

（3）目伤　幼旺树发芽往往不整齐，延长枝的中下部常常不能发芽。特别是在长梢修剪的情况下，上一年新梢徒长，枝条扁平粗大，当剪截过轻时，这种现象更为突出。为此，可进行目伤手术，促其发芽。目伤的时期以树液即将流动前的 2 月中旬为宜。方法是在芽前 2～3mm 处，用利刃切一深达木质部的伤口即可。除了延长枝前部的 2～3 个芽外，希望发枝的芽都可目伤，但要注意伤口不要过深过大。

（4）牵引拉枝　进行长梢修剪的主枝延长枝等，留芽量大，由于顶端优势的存在，往往只有梢端 2～4 个芽萌发，基部的芽很难萌发，新梢发生形成空当。为了克服基部发芽不好的缺陷，较有效的方法是在发芽时通过牵引的方法降低梢端的位置，使基部的芽处于最高的位置首先萌发。当基部的芽萌发后再抬高其上部 3～4 个芽的位置，促其萌发。然后再逐渐让生长势力过强而影响附近其他芽的萌发，在进行牵引拉枝的同时还要注意平衡新发芽、新梢的势力，要抹除势力过强会影响附近芽萌发的新梢，保持同一母枝的新梢势力相当。

第六章 鲜食葡萄周年管理技术

第一节 伤流期

伤流期从春季树液流动开始，到萌芽时为止。当早春根系分布处的土层温度达 6~9℃时，树液就开始流动，根的吸收作用逐渐增强，这时若对枝蔓进行修剪，新的剪口会流出透明的树液（图6-1），这种现象称为伤流。伤流开始的时间及多少与温度和湿度有关，土壤湿度大，伤流大，土壤干燥，伤流就不会发生。冬芽在萌发后，伤流随即停止。整个伤流期的长短，随当年气候条件和品种而定，一般为 9~50 天，据分析，每升伤流液中含干物质 1~2g，其中 60% 左右是糖和氮等化合物，还含有矿物质，如钾、钙、磷等成分。这个时期要做的工作如下：

图6-1 葡萄伤流

一、出土上架前准备工作

1. 农具维修、物资准备

维护各种农用机具，购置农药、化肥、农膜、工具、绑缚材料和日常用品等，熬制石硫合剂（图6-2）。

第六章 鲜食葡萄周年管理技术

图6-2 熬制石硫合剂

2. 修整架面

在葡萄枝蔓出土上架前，支架、铁丝由于受上年枝蔓、果实、风雨等为害，每年必须修整、扎紧铁丝（图6-3），对倾斜、松动的架面必须扶正、扎紧（图6-4）。用牵引锚石或边撑将边柱扶正或撑正；紧固松动的铁丝；更换锈断的铁丝；彻底清除上一年的绑缚材料。

图6-3 葡萄架面紧线

图6-4 扶正葡萄架

二、出土上架

枝蔓绑缚时既要绑紧，又要给枝条留有增粗的余地。通常采用"8"字形或马蹄形方式引缚。绑缚材料要求柔软，耐风、雨侵蚀（以1年内不断为好）。目前，多以塑料绳、马蔺、稻草、麻绳或地膜等材料绑缚。

1. 出土

（1）出土时间　在防寒埋土的地区，葡萄在树液开始流动至芽眼膨大以前，必须撤除防寒土，并修好葡萄栽植畦面，将葡萄枝蔓引缚上架。出土过早，根系尚未开始活动，枝芽易被抽干；出土过晚则芽在土中萌发，出土上架时容易被碰掉，或者芽已发黄，出土上架后易受风吹日灼之害，人为造成"瞎眼"及树体损伤，影响产量。因此，适时出土非常重要。

由于每年的气候变化，准确掌握适时的出土日期十分必要。可用某些果树的物候期作为"指示植物"。葡萄出土可以根据历年的栽培经验进行。一般在当地山桃初花期或杏等栽培品种的花蕾显著膨大期开始，再撤去防寒物较为适宜。美洲种葡萄及欧美杂种葡萄的芽眼萌动较欧洲种葡萄要早，出土日期应相应提早4~6天。

（2）出土方法 撤除防寒土，通常葡萄枝蔓经捆扎置于栽植畦的中心，先从防寒土堆两侧撤土，再扒去枝蔓上部的覆盖物，直至露出葡萄枝蔓为止。现在生产中有人工撤土（图6-5）和机械撤土两种方法（图6-6）两种方法。撤出防寒物后，晾干覆盖物（图6-7），之后修整好畦面。

为了防止芽眼抽干，使芽眼萌发整齐，出土后可将枝蔓在地上先放几天，等芽眼开始萌动时再把枝蔓上架，并将其均匀绑在架面上（图6-8），进入正常的生长期管理工作。

图6-5　人工撤土

图6-6　撤土机

图6-7　晾干覆盖物草帘子

图6-8　上架后的葡萄植株

（3）清根 采用嫁接苗定植的葡萄园，常在接口以上的接穗部位发生新梢，枝蔓出土上架时，应该逐蔓检查1次，所有主枝基部都应彻底清土，尽量不要使主枝靠近地面，防止着地生根。接穗部位一旦生根，砧木的根系往往会自然死亡，植株变成自根苗，削弱了抗性。在生长季节，也应经常检查，及时清根。

（4）防止葡萄伤流 伤流轻者会使植株营养损失过多，造成树势衰弱，芽体枯死，影响葡萄枝蔓生长、开花和结果，使葡萄产量下降；伤流重者全株死亡。

为了防止伤流的发生，发芽前不要修剪，在发芽前后的各项果园农事操作中（如枝蔓出土、上架等），要特别小心和细心操作，避免枝蔓受伤。在春季若葡萄一旦出现伤流现象，可采取以下措施防治：

1）石灰疗法。将熟石灰加水调制成糊状，涂抹于葡萄枝蔓的伤口处，此法有一定效果。

2）塑料薄膜包扎法。用10cm见方的塑料薄膜将枝蔓上伤流处的伤口包扎好，并用细绳缠紧捆实，使其不透气，伤流即可止住。

3）蜡封法。将蜡烛点燃后，使蜡边熔化边滴在葡萄枝蔓的伤口上，或将蜡放在铁盒里加热熔化后涂于植株的伤口处，待蜡油充分冷却后，伤流即可止住。

4）松香热涂法。取松香放在容器中加热熔化，然后趁热将松香涂于葡萄枝蔓的伤口处，或用烧热的烙铁直接将松香熔化，使其滴落在伤口上，随后用烙铁反复在伤口处烙几下，让松香充分熔化以增加渗透力。待松香充分冷却凝固后，伤流即可止住。

2. 枝蔓引缚

（1）引缚的作用 引缚是将葡萄枝蔓在架面上进行定向、定位的一种作业。通过引缚可以使枝蔓均匀合理地分布在架面上，形成合理的叶幕层，使树体均匀受光，调整通风条件，从而促进树体生长，并提高坐果率。

（2）引缚的时间 不防寒埋土的地区可以在冬季修剪后进行，但如果春季劳动力充足，最好还是在萌芽前进行。因为此时树液已经开始流动，枝蔓较为柔软，主、侧枝的引缚较为容易。埋土防寒的地区可以同春季的上架一同进行。

（3）引缚材料 可以是玉米棒皮、稻草、麻绳、塑料条等。

（4）引缚方法 按照枝蔓在空间的位置、方向，采用猪蹄扣或其他方式将其固定在铁丝上。缚蔓时既要注意给枝条加粗生长留有余地，又要在架上牢固附着。通常采用"8"字形引缚，使枝条不直接紧靠铁丝，留有增粗的余地。棚架的龙干可以吊绑在棚架铁丝之下，结果母枝则分布在棚架铁丝之上。这样做，便于下架防寒。对多年生枝蔓，有时可以用铁钩挂在架面上。利用废铁丝做成大小不同的双钩,一头钩住枝蔓,另一头挂在架面铁丝上。棚架、篱架皆可应用,对庭院葡萄更是合适,铁钩用后可以收藏起来多次使用。这里需要注意的是,引缚要牢固,枝蔓布局要合理,留出枝梢生长的合适空间。具体方法如下:

1)主、侧蔓的引缚。对于棚架龙干形的主枝由地面向立架面引缚时,在冬季埋土防寒地区,主枝需要培养2个弯角,第1个弯角在主枝基部顺行向与地面呈45°角,以利于每年冬季枝蔓下架顺向一方贴地埋土;第2个弯角在主枝40cm高度处向立架面呈60°~70°倾斜上架。对于冬季不埋土防寒地区,主枝与立架面呈70°直接倾斜上架,或在主干上分生主枝直接引缚至棚面。主枝在棚面上的分布,蔓间距离应不小于60cm,要求分布均匀,呈直线延伸,不得弯曲。

【提示】 为了让主枝在架面铁丝上固定,风吹不打滑,同时避免摩擦损伤树皮,可以在主要横线上拉细草绳作垫,引缚时绳索先固定在铁丝上,然后用环扣引缚枝蔓,环扣不能绑紧,可以留有空隙,以利于枝蔓加粗生长时不至于绞缢。

2)结果母枝引缚。主、侧枝绑缚固定后,枝蔓在架面上的布局已定,但是局部空间还需要结果母枝去占据。结果母枝在架面上的方位和在植株上的开张角度对内部物质的输导作用发生影响。

枝蔓垂直时细胞膨胀压高,树液流速快,生长势强,抽生的新梢粗壮而节间长,甚至徒长,不利于花芽分化和开花坐果,这就是许多架面上直立强旺梢无花序,或即使有很大的花序也不能坐果的原因。枝蔓向上倾斜时,枝势中庸有利于成花结果;枝蔓水平时有利于缓和长势,由于结果母枝上所有芽眼处于相同势能条件下,新梢发育较为均匀,也有利于成花结果;枝蔓向下倾斜时,顶端优势不复存在,生长势显著削弱,营养条件也差,这样既削弱了营养生长,又抑制了生殖生长。所以,在需要促进营养生长,加强总体生长势时,结果母枝以垂直引缚或向上倾斜引缚较为适宜,而水平引缚则有抑制营养生长、利于生殖结果的作用。对于强枝,应以加大结果母枝的开张角度,以抑为主,可偏向水平或呈弧形引缚,以促进下部芽眼萌发和各新梢生长的均衡。对于弱枝,应当缩小角度,以促为主。

三、冻害的补救措施

葡萄植株一旦发生冻害,应因地制宜采取下列补救措施:

1. 枝芽冻害的补救措施

1)剪去不能恢复生机的枝条,加强地下土肥水管理,促使尚有希望恢复生机的枝芽得到较充足养分和水分，使其发芽整齐，新梢健壮生长。

2）冻害较严重时，还应大量疏减花序，减少结果量或不结果，以恢复树势、增加枝量为主要管理目标。

3）枝芽出现严重光秃带时（图6-9），可采取曲枝促梢（将光秃蔓卷曲使隆起高点发梢）、留长梢母枝补空、压蔓补梢（将光秃蔓压入土表促发新梢）等措施。

图6-9 受冻芽萌发状

2. 根系冻害的补救措施

1）地下催根。发现根系受冻的植株后，将根茎周围约1.5m的土壤散开，边撒土边检查，发现死根全都剪去，对半死的根系（形成层还是绿白色，木质部和髓部已变为褐色）（图6-10）和未受冻害的健壮根系要尽量保留。撒土深度为40～50cm，然后铺上腐殖土约厚10cm，浇水浸透，并在上面扣上塑料小拱棚，以迅速提高地温，促使半死根群恢复生机，增强活根的吸收功能，充分发挥供给地上部所需养分和水分的作用，促进枝蔓正

图6-10 根系冻害

常萌芽和生长。一般 20 天后半死根群即可恢复生机,并产生大量新根,逐渐填平根颈周围的土层,同时追施优质粪肥,适当灌水,以利于发挥肥效。

2)控制枝蔓生长。凡是根系受冻植株,应根据根系受伤程度的大小,相应地削减枝芽量和疏花疏果,以减少地上部养分和水分的消耗,尽量达到地上和地下部的营养供需平衡。

【知识链接】 葡萄根

葡萄的根系常因架式不同而分布很不对称。一般棚架整枝,枝蔓倒向一面生长,根系在架前生长比架后旺盛,根量也大,施肥和灌水应注意这种情况。深翻后的土壤中葡萄根系生长旺盛,分布深广,吸收根数量多,因此更能抗旱、耐寒。葡萄根系衰老后,发生新根的能力逐年减弱,如果将老根截断,则可在伤口附近发出大量的新根。所以适时对老根进行适当的更新,可刺激根群的生长,使衰老的植株得以复壮。

葡萄根系中吸收根的数量很大,因此具有强大的吸收功能,同时也具有强大的输导系统,多年生根的横截面上有粗大的导管,保证了水分、养分迅速地向上运输,地下、地上养分的交换,使地上枝蔓生长旺盛,迅速地攀缘生长。葡萄的根是肉质性的,又是重要的储藏器官(图 6-11)。晚秋和冬季时,在根的各种组织中会积累大量的淀粉、

图 6-11　葡萄肉质性根

蛋白质和糖类等营养物质。因此，越冬时根系受到严重伤害对次年生长非常不利。

葡萄根系在年周期中一般出现春季和秋季 2 次生长高峰。春天，地温达 6~6.5℃时，地上枝蔓新伤口出现伤流，即标志着根系开始活动。当地温达 12~14℃时，根系开始生长，20℃左右生长旺盛，进入第 1 次生长高峰；秋季落叶前出现第 2 次生长高峰。根系的生长活动，受地温和其他土壤条件影响外，也与品种、树龄、树势、肥水条件和植株营养状况有关。

四、土肥水管理

土肥水管理得当，营养条件好，花序原始体可继续分化第二、第三花轴和花蕾。如果营养条件不良（包括外界中的低温和干旱）花序原始体只能发育成带有卷须的小花序，甚至会使已形成的花序原始体萎缩消失，情况严重的，会影响到当年葡萄产量和质量。

1. 施催芽肥

在萌芽前的芽膨大期施肥，葡萄花芽尚在继续分化，及时补充养分，可以促进葡萄的花芽进一步分化，并为萌芽、展叶、抽枝等生长活动提供营养，追肥以氮肥为主，用量为全年追肥量的 10%~15%（图 6-12）。如果秋季没有施有机肥，结合春季施催芽肥，将有机肥和氮肥一起施下（图 6-13~图 6-15）。

图 6-12 打眼施肥

图 6-13 挖穴施肥

图6-14 挖穴施有机肥

图6-15 挖穴施化肥

巨峰系列进入结果期后的第1~5年，地力条件好，不需施肥，否则会增加落花落果。定植后的第1年和结果期在6年树龄以内的，80%以上结果母枝直径为0.6~0.8cm，落叶时间早，枝条灰白色或灰褐色，地力下降，需要补充肥料。通常每亩施人畜粪2t+尿素5~10kg+硼砂2kg，或45%硫酸钾复合肥20~25kg+硼砂2kg。红地球、秋红、无核白鸡心、夕阳红、金星无核、藤稔等坐果率高的品种，必须每年追肥，对提高产量、品质效果较好。适量补充肥料，有利于枝蔓的健壮生长。施肥过多，则会因花序枝蔓生长过旺，易导致花前落蕾、受精不良，加重落花、落果和增加不受精的小粒果，严重影响产量和品质。

2. 水分管理

萌芽前后土壤中若有充分的水分，可使萌芽整齐一致。我国北方春旱地区，此期灌水更为重要，使土壤湿度保持在田间持水量的65%~75%。此次灌水需根据具体情况而定。一般土壤不干旱可不灌水，以免灌水后使土温降低，影响根系生长。长江以南地区，此期正值梅雨季节前期，除注意灌水量外，重点工作是排水。

适宜的灌水量应在一次灌溉中使葡萄根群分布最多的土层，使田间持水量在60%以上。葡萄根群分布的深浅与土壤性质和栽培技术密切相关，也与树龄相关。通常挖深沟栽植的成龄葡萄根系集中分布在离地表20~60cm的深处，所以灌水应浸湿土壤深度在60cm以上。

五、病虫害防治

葡萄出土上架后的病虫害防治极为关键，重点清除在葡萄枝条、树体、果园地面和支架上的越冬病菌、害虫等。

1. 清扫葡萄园

北方埋土防寒地区，在枝蔓出土上架前，清理田间葡萄架上的卷须、枝条、叶柄；非埋土防寒地区，必须在芽萌动前，清理田间葡萄架上的卷须、枝条、叶柄。消灭葡萄架（包括桩）上的越冬虫卵（如斑衣蜡蝉）。

2. 刮除树皮

枝蔓出土上架后，剥除老树皮（图6-16）。因为老皮不仅影响植株枝

图6-16　剥除老树皮

蔓的呼吸，而且也是病菌和虫卵的越冬及繁殖场所之一，这项工作是葡萄生产上防治病虫害不可缺少的环节。刮除葡萄枝蔓上的粗皮，重点是主干、主枝上的粗老树皮，注意刮树皮时不要用力太重，以免伤及枝干的韧皮部，将刮下的树皮清出园外并集中烧毁。

3. 化学防治

枝蔓出土上架后，选晴天使用5波美度的石硫合剂喷1次，主要喷地面、枝蔓、支架，或用融杀蚜螨300倍液等药剂代替，可收到同样的效果。第2次在冬芽萌发透过茸毛可见青时喷药，施用浓度和种类同第1次。因过早冬芽鳞片未开裂，裹在鳞片里面的病源不能被杀灭，过迟易造成药害。所以，化学防治的最佳时期为80%的结果母枝冬芽透过茸毛可见青、部分萌发早的冬芽已呈绒球状时，此时喷药效果最佳，但要求仔细周到。

六、其他管理

将石灰氮溶于水，生成单氰胺水溶液，此溶液是葡萄打破休眠的药剂。对于南方某些地区，因低温量少，春化作用不够，使春季葡萄发芽不整齐。在发芽前，除根据气候特点使用杀菌剂外，还应使用毛笔蘸石灰氮10~20倍液涂抹芽，可使其发芽整齐，对花芽分化和形成有促进作用。

【知识链接】　石硫合剂的配制及使用

（1）选料　石硫合剂原液质量的好坏，取决于所用原料生石灰和硫黄粉的质量。应选质轻、白色、块状生石灰（含杂质多、已风化的消石灰不能用），硫黄粉越细越好；最好用铁锅熬制，不能用铜、铝器皿；不能用含铁锈的水来溶解或配制溶液。

（2）熬制方法　比例为生石灰：硫黄粉：水＝1∶2∶10，先把足量水放入铁锅中加热，放入生石灰化开，煮沸形成石灰乳，然后把事先用少量水调成糨糊状的硫黄粉慢慢倒入石灰乳中，同时迅速搅拌，记下水位线。大火煮沸45~60min的同时不断搅拌，在此期间，应随时用开水补足因加热煮沸而蒸发的水量。等药液变成红褐色，锅底的渣滓变成黄绿色时即停火冷却。冷却后用棕片或纱布滤去渣滓，就得到红褐色透明的石硫合剂原液。为了避免在熬制过程不断加水的麻烦，可按生石灰：硫黄粉：水＝1∶2∶15或1∶2∶13的比例进行熬制。

(3) 使用方法 使用浓度要根据植物种类、病虫害对象、气候条件、使用时期而定,浓度过大或温度过高,易产生药害。多数情况下为喷雾使用。

1)稀释。根据所需使用的浓度,先计算出加水量后再加水稀释。每千克石硫合剂原液稀释到目的浓度需加水量的公式:加水量(kg)=原液浓度÷目的浓度-1。

2)其他使用方法。除喷雾使用法外,石硫合剂也可用于树木枝干涂干、伤口处理或作为涂白剂,上述用途的施用浓度一般是把原液稀释2~3倍。如在树木修剪后(休眠期),枝干涂刷稀释3倍的石硫合剂原液可有效防治多种介壳虫为害葡萄;用石硫合剂原液涂刷消毒刮治的伤口,可防止有害病菌的侵染,减少腐烂病、溃疡病的发生;熬制石硫合剂剩余的残渣可以配制为保护树干的白涂剂,能防止日灼和冻害,兼有杀菌、治虫等作用,配置比例为生石灰:石硫合剂(残渣):水=5:0.5:20,或生石灰:石硫合剂(残渣):食盐:动物油:水=5:0.5:0.5:1:20。

(4) 注意事项

1)熬制时用铁锅或陶器,不能用铜锅或铝锅。火力要均匀,使药液保持沸腾而不外溢。石硫合剂易与空气和水反应而失效,最好随配随用,短期暂存,必须用小口容器(陶器或塑料桶)进行密封储存。不能用铜、铝器具盛装,如果滴加少许煤油,使之与空气隔绝,可延长储藏期。药液表面结硬壳,底部有沉淀,说明储藏方法不当。

2)石硫合剂呈强碱性,不可与有机磷、波尔多液及其他忌碱农药混用,使用两类农药的相隔时间要在15天以上,否则,因酸碱中和,会使药效大大降低或失效。

3)有的树木对硫黄及硫化物比较敏感,盲目使用易产生药害,如在桃、李、梅、梨、葡萄等果树生长期都不宜使用。

4)使用浓度要根据气候条件及防治对象来确定,并要根据天气情况灵活掌握。当阳光强烈、温度高、天气严重干旱时使用浓度要低,气温高于32℃或低于4℃时,不得在果树上喷施。在喷洒石硫合剂后,出现高温干旱天气,应灌水1次,以避免药害,防止葡萄出现黄叶、落叶、烧叶现象。

5)因石硫合剂对人的眼睛、鼻黏膜、皮肤有刺激和腐蚀性,因此,果农朋友在熬制和施用时应特别注意,当皮肤或衣服沾染原液、喷雾器用完后都要及时用水清洗。

第二节 萌芽期和新梢生长期

春季气温上升到10℃以上时,芽开始膨大进而萌发,长出嫩梢。根据气温和雨水的变化,萌芽期或早或迟。萌芽和新梢开始生长,主要依靠储藏在根和茎中的营养物质。储藏养分是否充足直接影响发芽质量,可以利用发芽的整齐度来判断萌芽质量。同时发芽整齐度也是检验上一年栽培技术管理是否得当的重要指标。因为萌芽是否整齐与上一年的栽培技术管理和气象条件有密切关系。一般来说,上一年的栽培管理得当,冬季修剪合适,结果母枝发育充实,整个树体储藏营养充足,就会萌芽整齐。如果发芽不整齐,说明结果母枝储藏的养分不充足。此外,树体萌芽的早晚还与温度有关。大多数葡萄萌芽时要求土壤温度在12℃以上,如果低于12℃则会推迟萌芽。欧洲葡萄要求当昼夜平均气温稳定在10℃以上时开始萌芽。

【知识链接】 葡萄的芽和枝

(1)芽的类型与特点 葡萄枝梢上的芽,实际上是新枝的茎、叶、花过渡性器官,着生于叶腋中。芽根据分化的时间分为冬芽和夏芽,这两类芽在外部形态和特性上具有不同的特点。

1)冬芽。冬芽是着生在结果母枝各节上的芽,体形比夏芽大,外被鳞片,鳞片上着生茸毛。冬芽具有晚熟性,一般都经过越冬后,次年春萌发生长,习惯上称为越冬芽或简称冬芽(图6-17)。从冬芽的解剖结构看,良好的冬芽,内包含3~8个新梢原始芽,位于中心的最发达,称为"主芽",其余四周的称为副芽(预备芽)。在一般情况下,只有主芽萌发。当主芽受伤或者在修剪的刺激下,副芽也能萌发副梢,有的在1个冬芽内2个或3个副芽同时萌发,形成"双生枝"或"三生枝"(图6-18,图6-19)。在生产上为调节储藏养分,应及时将副芽萌发的枝抹掉,保证主芽生长。冬芽在越冬后,不一定每个芽都能在第二年萌发,其中不萌发者则呈休眠状态,尤其是一些枝蔓基部的芽常不萌发,随着枝蔓逐年增粗,潜伏于表皮组织之间,成为潜伏芽,又称"隐芽"。当枝蔓受伤,或内部营养物质突然增长时,潜伏芽便能随之萌发,成为新梢(图6-20)。由于主干或主蔓上的潜伏芽抽生成新梢,往往带有徒长性,在生产上可以用作更新树冠。葡萄隐芽的寿命很长,因此葡萄恢复再生的能力也很强。

图6-17　葡萄冬芽

图6-18　冬芽萌发双生芽

图6-19　冬芽萌发三生芽

图6-20　地上部死亡,基部萌发新梢

2)夏芽。夏芽着生在新梢叶腋内冬芽的旁边,是无鳞片的"裸芽"(图6-21),不能越冬。夏芽具有早熟性,不需要休眠,在当年夏季自然萌发成新梢,通称为副梢(图6-22)。有些葡萄品种如玫瑰香、巨峰、白香蕉等的夏芽副梢结实力较强,在气候适宜,生长期较长的地区,还可以结二次或三次结果,借以补充一次果的不足和延长葡萄的供应期。

夏芽抽生的副梢同主梢一样。每节都能形成冬芽和夏芽,副梢上的夏芽也同样能萌发成二次副梢,二次副梢上又能抽生三次副梢。这就是葡萄枝梢具有一年多次生长、多次结果的原因。

图6-21 葡萄夏芽

图6-22 葡萄夏芽萌发副梢

（2）枝蔓的类型与特点 把植株从地面长出的枝叫主干，主干上的分枝叫主蔓。如果植株没有主干而从地面长出几个枝，习惯上只称主蔓，属无主整形类型。从生长年限上也称1年生、2年生和多年生枝蔓。栽培上应着重区分以下几种：

1）主梢。葡萄的新梢泛指当年长出的带叶枝条，其中由冬芽长出的新梢称为主梢。卷须是攀缘植物的一种细长无叶的缠绕器官。

2）副梢。由夏芽萌发而成，比主梢更细弱，节间短。副梢摘心可得到二次或三次副梢的生长。葡萄嫩梢的色泽和茸毛是鉴定品种的主要性状之一。

3）1年生枝。新梢成熟落叶后称为1年生枝（图6-23）。成熟的1年

图6-23 葡萄1年生枝

第六章 鲜食葡萄周年管理技术

生枝呈褐色，有棱带条纹，横截面呈扁圆形或圆形，弯曲时表皮呈条状剥落，这些性状也是鉴别品种的主要依据。有花芽能生长结果枝的1年生枝称为结果母枝，是植株生长结果的主要基础。

此外，葡萄有徒长枝、萌蘖枝之别。前者多由潜伏芽长出，而后者是在植株基部及根际处生长的枝条。这些枝条能更新衰老的枝蔓和树冠，但一般对结果不利。

一、整形修剪

1. 抹芽与定梢

在芽已萌动但尚未展叶时，对萌芽进行选择去留即为抹芽。当新梢长到 15~20cm，已能辨别出有无花序时，对新梢进行选择去留称为定梢。

抹芽和定梢是进一步将冬季修剪量调整于一个合理的水平上，也是决定果实品质和产量的一项重要作业。因为通常葡萄冬季修剪量都很大，容易刺激枝蔓上的芽眼萌发，从而产生较多的新梢，新梢过密使树体通风透光较差，同时也会分散树体营养，影响新梢生长，从而造成坐果率低下和降低果实品质。通过抹芽和定梢可以调节树体内的营养状况和新梢生长方向，使营养更加集中，以促进新梢的生长和花序发育。对巨峰葡萄抹芽的试验表明，当早春抹芽程度为50%时，后期新梢的生长长度在80cm以上，而未抹芽的处理，新梢生长长度约为50cm，说明通过萌芽期的抹芽可以显著促进新梢生长。另外，通过抹芽和定梢减少了不必要的枝梢，使架面上的新梢分布合理，改善树体通风、透光条件，从而提高坐果率和果实品质。

（1）抹芽 一般分2次进行。第1次抹芽在萌芽初期进行，此次抹芽主要将主干、主蔓基部的萌芽和已经决定不留梢部位的芽及双生芽（图6-24~图6-26）、三生芽（图6-27~图6-29）中的副芽抹去。注意要留健壮大芽，并且遵循"稀处多留、密处少留、弱芽不留"的原则。第2次抹芽在第1次抹芽后10天左右进行。此时基本能清楚地看出萌芽的整齐度。对萌芽较晚的弱芽、无生长空间的夹枝芽、靠近母枝基部的瘦弱芽、部位不当的不定芽等，根据空间的大小和需枝的情况进行抹除。抹芽后要保证树体的通风透光性。

图 6-24 双生芽抹芽前

图 6-25 双生芽抹芽

图 6-26 双生芽抹芽后

图 6-27 三生芽抹芽前

图 6-28 三生芽抹芽

图 6-29 三生芽抹芽后

（2）**定梢** 可以决定植株的枝梢布局、果枝比和产量，使架面达到合理的留枝密度。定梢一般在展叶后 20 天左右开始。此时新梢长至 10 ~ 20cm，可选留带有花序的粗壮新梢，除去过密枝和弱枝，同时注意留下的新梢生长要基本整齐一致（图 6-30 ~ 图 6-34）。

留枝多少除了考虑修剪因素外，一般应根据新梢在架面上的密度来确定留枝量。定梢量一般是母蔓上每隔 10 ~ 15cm 留 1 个新梢。棚架每平方米

第六章 鲜食葡萄周年管理技术

图 6-30 定梢前

图 6-31 定梢

图 6-32 定梢后

图 6-33 定梢前架面枝条分布

图 6-34 定梢后架面枝条分布

架面留10~15个新梢。篱架架面（"V"、"Y"形）每平方米留10~12个新梢。整体结果枝与发育枝的比例为1:2。坐果率高、果穗大的品种，一般每亩留4000~5000个新梢。对于篱架，枝条平行引缚时，则单臂架上的枝距为6~10cm，双篱架上的枝距为10~15cm。而新梢下垂管理方式，其留枝密度尚可适当加大。

【提示】 巨峰品种、因落花、落果严重，稳定树势尤为重要。一般花前每亩保留约8000个新梢，待坐稳果后结合疏果，每亩留6000个左右的新梢。

在规定留梢量的前提下，按照"五留"和"五不留"的原则进行，即留早不留晚（指留下早萌发的壮芽）、留肥不留瘦（指留下胖芽和粗壮新梢）、留花不留空（指留下有花序的新梢）、留下不留上（指留下靠近母枝基部新梢）、留顺不留夹（指留下有生长空间的新梢）。

2. 疏花序

疏花序和花序整形是调整葡萄产量、达到植株合理负载量的重要手段，也是提高葡萄品质实现标准化生产的关键性技术之一。要想取得优质浆果，必须严格控制产量。鲜食葡萄每亩的标准产量应该控制在1000~1500kg。

（1）疏花序时间　对生长偏弱，坐果较好的品种，原则上应尽量早疏去多余花序。通常在新梢上能明显分辨出花序多少、大小的时候进行，以节省养分。对生长强旺，花序较大、落花、落果严重的品种（如巨峰及其他巨峰群品种、玫瑰香等），可适当晚几天，待花序分离后能清楚看出花序形状、花蕾多少的时候进行。至于最后选留多少花序，还取决于产量指标和花序的坐果状况。

（2）疏花序要求　根据品种、树龄、树势确定单位面积产量指标，把产量分配到单株葡萄上，然后进行疏花序。一般对果穗重400g以上的大穗品种，原则上短细枝不留花序，中庸和强壮枝各留1个花序。个别空间较大、枝条稀疏、强壮的枝可留2个花序（图6-35~图6-37）。

疏除花序应考虑以下方面和顺序：

1）新梢强弱：细弱枝、中庸枝、强壮枝。

2）新梢位置：主蔓下部离地面较近的低位枝，主、侧蔓延长枝，结果枝组中的距主蔓近的，次年留作更新枝。

3）花序着生位置：与架面铁丝或枝蔓交叉花序，同一结果新梢的上位花序。

4）花序大小与质量：小花序、畸形花序、伤病花序。

第六章 鲜食葡萄周年管理技术

图 6-35 疏花序前

图 6-36 疏花序

图 6-37 疏花序后

对大穗形且坐果率高的品种（如红地球、秋红、里扎马特、龙眼和无核白鸡心等），花前 1 周左右先掐去全穗长 1/5～1/4 的穗尖，初花期剪去过大、过长的副穗和歧肩，然后根据穗重指标，结合花序轴上各分枝情况，可以采取长的剪短、紧的"隔 2 去 1"（即从花序基部向前端每间隔 2 个分枝剪去 1 个分枝）的办法，疏开果粒，减小穗重，达到整形要求。

对巨峰等坐果率较低的葡萄品种，在花序整形时，先掐去全枝长的1/5～1/4的穗尖，再去副穗和歧肩，最后从上部剪掉花序的大分枝3～4个，尽量保留下部花序小分枝，使果穗紧凑，并达到要求的短圆锥形或圆柱形标准。

3. 掐穗尖、整穗

掐穗尖、整穗是花序整形的主要工作之一。花序整形是以疏松果粒、加强果穗内部通透性、增大果粒和提高着色率为主要出发点，使葡萄达到规范果穗形状，利于包装和全面提高果品质量的目标。因此，花序整形已成为当前鲜食葡萄生产不可缺少的一道工序。要求通过花序整形，使葡萄穗形成整齐一致的短圆锥形或圆柱形等。

掐穗尖和整穗可与疏花序同时进行，对花序较大和较长的品种，要掐去花序全长的1/5～1/4，过长的分枝也要将尖端掐去一部分。对果穗较大、副穗明显的品种，应将过大的副穗剪去，并将穗轴基部的1～2个分枝剪去。通过掐穗尖和整穗可将分化不良的穗尖和副穗去掉，使葡萄营养集中，坐果率提高，果穗紧凑，果粒大小整齐，穗形较整齐一致（图6-38～图6-43）。

图6-38 整穗前

图6-39 整穗1

第六章 鲜食葡萄周年管理技术

图 6-40 整穗 2　　　　　　　　图 6-41 整穗 3

图 6-42 整穗 4（掐穗尖）　　　图 6-43 整穗后

4. 除卷须

在栽培条件下，卷须是无用器官，它只能造成枝梢混乱。当卷须缠绕到果穗和枝蔓上时，会影响果穗和枝蔓的生长，给采收和修剪等工作带来不便，同时卷须在生长过程中，也消耗树体养分和水分，故应及时摘除（图6-44）。

图6-44　除卷须

二、土肥水管理

1. 土壤管理

葡萄萌芽开花需消耗大量营养物质。但在春季，吸收根发生量较少，吸收能力也较差，主要消耗树体储存的养分。若树体营养水平较低，再加上氮肥供应不足，会导致大量落花落果，影响营养生长，对树体不利，故生产上应注重这次施肥。一般施复合肥15～20kg，有利于树势健壮、生长和开花坐果。对弱树、老树和结果过多的大树，应加大施肥量。树势强旺，基肥数量又比较充足时，本应花前追肥的，可推迟至花后再施。但在开花前1周至开花期，禁施速效氮肥。结合根外追肥，在幼叶展开、新梢开始生长时，喷施0.1%尿素+磷酸二氢钾混合液2次，可促进幼叶发育，显著增大叶面积，提高光合能力，促进营养生长和花芽补充分化。

在整个萌芽抽梢期间，一般不进行全园翻耕，只是在施肥时局部挖施肥沟（图6-45，图6-46）、施肥穴（图6-47，图6-48）或施肥叉（图6-49）结合施肥进行翻土。中耕除草两者往往结合进行。中耕的目的是清除杂草，减少水分蒸发和养分消耗，改善土壤通气条件，促进微生物活动，增加有效养分，减少病虫害，防止有害盐类含量上升等。中耕应根据当地气候和杂草生长情况进行。在杂草出苗期和结籽前进行除草效果更好。中耕深度为5～10cm，里浅外深，尽量避免伤害根系。

第六章 鲜食葡萄周年管理技术

图 6-45 小条沟施肥

图 6-46 大条沟施肥

图 6-47 挖施肥穴

图 6-48 挖施肥穴后施肥

2. 水分管理

在萌芽前灌水的基础上，北方地区若天气干旱，土壤含水量少于田间最大持水量的60%时就需要灌水（图6-50）。即壤土或沙壤土，当手握土松开后不能成团；黏壤土，当手握时虽能成团，但轻压易裂，说明土壤含水量已少于田间最大持水量的60%，须进行灌水。

图6-49　采用施肥叉施肥　　　　图6-50　灌水

三、病虫害防治

此期是葡萄病虫害防治的关键时期。各种病虫害都在陆续发生，此时用药可有效地降低病虫害发生基数，大大减轻和延缓病虫害的发生和危害程度，起到事半功倍的作用。

1. 发芽前至冬芽绒球期

枝蔓出土后喷洒铲除剂杀灭越冬的病菌和害虫，把越冬后害虫的数量、病菌基数压低到最低水平，可大大减轻葡萄当年病虫害的发生，从而为整个生长期的病虫害防治打下基础。

在葡萄萌芽前的绒球期，喷布3～5波美度的石硫合剂，或喷50～100倍液的索利巴尔（通用名多硫化钡）。最佳施药时期为80%的结果母枝的冬芽萌发，即透过茸毛可见青，而部分萌发的冬芽已呈绒球期。过早喷药，因冬芽鳞片未裂开，故裹在裂片里面的病原菌不能被杀灭；过迟喷药，易造成药害。喷药需仔细周到,包括植株、架干、铁丝和地面。

2. 嫩梢生长到 2~3 片叶时

防治目标:此期主要病害有根癌病、白粉病、黑痘病;虫害是红蜘蛛、毛毡病、绿盲蝽(图6-51,图6-52)。在北方葡萄产区,害虫、白粉病发生轻微的葡萄园,气候干燥时,可以不使用农药,但要注意摘除患白粉病的病梢。若有绿盲蝽为害,可用杀虫剂(如10%歼灭2000~3000倍液、辛硫磷、吡虫啉等)防治。在白粉病发生的果园,使用三唑类杀菌剂(如10%美铵600倍液、40%稳歼菌8000倍液等)防治,并结合摘除患白粉病的病梢。往年有黑痘病发生的,应使用杀菌剂(如80%必备400倍液、霉能灵、稳歼菌、苯醚甲环唑等)防治。

图 6-51 绿盲蝽

图 6-52 经绿盲蝽为害的叶片

【知识链接】 葡萄根癌病

(1)**症状** 根癌病一般发生于表土根茎部,也有发生于主根和侧根连接处,苗木则多发生在接穗和砧木愈合的地方。肿瘤从根的皮孔凸起,呈球形、椭圆形或不规则形。幼嫩瘤呈浅褐色,表面旋卷,粗糙不平,柔软呈海绵状。若继续发展,瘤的外层细胞死亡,颜色逐年加深,内部组织木质化,成为坚硬的瘤(图6-53)。

(2)**防治方法** 植后的树体发现病瘤时,用快刀切除病瘤(图6-54),然后在切口处用100倍硫酸铜溶液消毒,也可用400单位链霉素溶液涂切口,外加凡士林保护,或用根癌宁(K84)生物农药30倍液蘸根5min,对该病有预防效果。

图 6-53 患根癌病症状　　　　图 6-54 切除根瘤并抹药

第三节　开花期

【知识链接】　　　　葡萄花

葡萄当年春季果枝上的花芽是上一年形成的。花芽分化的始期在植株开花期前后,兰州地区在5月下旬~6月上旬。6~7月是花芽分化盛期。次年萌发后,每个花序的原始体在依次分化出花萼、花冠、雄蕊和雌蕊,然后开花。

一般从新梢基部第2~6节开始形成花序(图6-55)。有的花序上还有副穗。花序上的花朵数因品种和树势不同而异,发育良好的花序一般有花200~1500朵,多的可达2500朵以上。葡萄花的形态也与其他果树差异大,称五部合成型,即5片顶端连生的绿色花瓣,构成帽状花冠;花萼小,5片连生呈波状。开花时花瓣自基部微裂外翘,呈帽状脱落(图6-56)。花冠代替萼片,在蕾期对花起保护作用。

第六章 鲜食葡萄周年管理技术

图 6-55 花序

图 6-56 开花

欧洲种葡萄的栽培品种，大多数具有两性花，是常异交自花授粉植物，只有极少数品种为雌性花品种，需要异花授粉。春天，从葡萄萌芽到开花需经历 6～9 周，当日均温度达到 20℃ 时开花，随着气温的升高开花迅速，在 26～32℃ 时，花粉发芽率最高，花粉管伸长也最快，数小时内就可到达胚珠，温度低时往往需要几天的时间。

葡萄花期为 5～14 天，因品种和气候条件的不同而异。在满足授粉受精的前提下，提高坐果，减少小果率的主要措施是花前（约开花前 1 周）对结果枝摘心，并严格控制副梢生长，使其暂时停止营养生长，减少幼叶数，提高成叶比例，迅速增加光合产，让更多的营养运向花序。

葡萄从开花开始至终花止为开花期。花期是葡萄生长中的重要阶段，对水分、养分和气候条件的反应都很敏感，是决定当年产量的关键。

葡萄花期的长短、开花的早晚，因品种不同、年份不同、管理技术不同、栽培环境不同等而不同。开花期一般为 5～14 天，欧美杂交种开花期早，欧亚种开花期较晚，相差 7～10 天。葡萄花蕾多集中在 7:00～11:00 开放，盛花期后的 9 天左右为落果高峰。冷凉的天气，开花期晚，延续时间长；气温高而稳定的天气，开花期早而稳定，延续时间短。干旱或其他不利的环境条件（如缺素症等）会引起闭花受精。大风、阴雨对授粉受精不利。因此，花期的气候直接影响着坐果率。

如果花期气候条件较好，葡萄树势衰弱，营养不足或枝叶徒长，架面通风不良等，也会造成大量落花落果，各品种间尤以白牛奶、巨峰等品种落花落果现象较重。为了减少落花落果，在加强花前肥水管理的同时，应适当定枝摘心，控制主、副梢的生长，及时引绑枝蔓，改善架面光照条件,以利于提高坐果率和促进幼果生长;对授粉不良的品种,还要采取人工辅助授粉或蜜蜂传粉的方法,以达到高产和提高品质的目的。

一、新梢管理

葡萄结果枝在开花前后生长迅速,势必消耗大量营养,影响花器的进一步分化和花蕾的生长,加剧落花落果。通过摘心暂时抑制顶端生长,可促进养分较多地进入花序,从而促进花序发育,提高坐果率。

营养枝和主、侧枝延长枝的摘心,主要是控制枝蔓的生长长度,促进花芽分化,增加枝蔓粗度,加速木质化。

1. 结果枝摘心

有花序的枝称为结果枝(图6-57)。为达到摘心的作用和目的,结果枝摘心最适宜的时间是开花前3~5天或初花期。一般摘去小于正常叶片1/3大的幼叶嫩梢(图6-58~图6-60)即可,也可以进行2次摘心。第1次于花前10多天在花序前留2片叶摘心,对促进花序发育、花器官进一步完善和充实,具有明显作用;第2次于初花期对前端副梢进行控制,留1片叶或抹除,使营养生长暂时停顿,把养分集中供给花序坐果,对提高坐果率具有明显效果。

图6-57 结果枝

图6-58 结果枝摘心前

第六章 鲜食葡萄周年管理技术

图 6-59 结果枝摘心

图 6-60 结果枝摘心后

在花前摘心时，巨峰葡萄结果新梢摘心操作标准如下：强壮新梢在第一花序以上留 5 片叶摘心，中庸新梢留 4 片叶摘心，细弱新梢疏除花序以后，暂时不摘心，可按营养新梢标准摘心。但是，并不是所有品种的葡萄结果新梢都需在开花前摘心，凡坐果率很高的葡萄品种，如黑汗、康太等，花前可以不摘心；凡坐果率尚好、果穗紧凑的葡萄品种，如藤稔、金星无核、红地球、秋虹、无核白鸡心等，花前也可不摘心或轻摘心。

2. 营养枝摘心

没有花序的枝称为营养枝（图 6-61）。在不同的地区气候条件各异，其摘心标准不同。生长期少于 150 天的地区，8~10 片叶时即可摘去嫩尖 1~2 片小叶。生长期 150~180 天的地区，15 片叶左右时摘去嫩尖 1~2 片小叶。如果营养枝生长很强，单以主枝摘心难以控制生长时，可提前摘心培养副梢结果母枝。生长期大于 180 天的地区，可视情况分下列几种摘心方法：

1）生长期长的干旱、少雨地区。主梢在架面有较大空间的，营养枝可适当长留，待生长到约 20 片叶时摘心；相反，如果主枝生长空间小，营养枝可短留，生长到 15~17 片叶时摘心（图 6-62）；如果营养枝生长势很强，也可提前摘心培养副梢为结果母枝。

图说鲜食葡萄栽培与周年管理

图6-61 营养枝

图6-62 营养枝摘心后

2）生长期长的多雨地区。主枝生长纤细的，于8~10片叶时摘心，以促进主枝加粗；主枝生长势中庸健壮的，于80~100cm时摘心；主枝生长势很强，可采用培养副梢为结果母枝的方法分次摘心。第一次于主枝8~10片叶时留5~6片叶摘心，促使副梢萌发，当顶端的一次副梢长出7~8片叶时摘心；以后产生的二次副梢，只保留顶端的1个副梢于4~5片叶时留3~4片叶摘心，其余的二次副梢从基部抹除，以后再发生的三次副梢依此方法处理。

3. 主、侧枝上的延长枝摘心

用于扩大树冠的主、侧枝上的延长枝，摘心标准为：

1）延长枝生长较弱的，最好选下部较强壮的主枝换头，对非用它领头不可的，于10~12片叶摘心，促进其加粗生长（图6-63）。

图6-63 延长枝摘心

2）延长枝生长中庸健壮的，可根据当年预计的冬季修剪剪留长度和生长期的长短适当推迟摘心时间。生长期较短的北方地区，应在8月上、中旬以前摘心；生长期较长的南方地区，可在9月上、中旬摘心，使延长枝能充分成熟。

3）延长枝生长强旺的，可提前摘心，分散营养，避免徒长，摘心后发出的副梢，选最顶端1个副梢作为延长枝继续延伸，按前述中庸枝处理，其余副梢作结果母枝培养。

4. 副梢的利用与处理

（1）副梢的利用 副梢是葡萄植株的重要组成部分，处理得当可以加速树体的生长和整形，增补主枝叶片的不足，增强树势和缓和树势，提高光合效率，还可以利用其结二次果或生长压条苗；相反，处理不当易使架面郁蔽，增加树体营养的无效消耗，影响架面通风透光，不利于生长和结果，乃至降低浆果品质。因此，应根据副梢所处位置、生长空间和生长势等合理利用。

1）利用副梢加速整形。当年定植苗只抽生1个新梢，但整形要求需培养2个以上主枝时，可在新梢生长4~6片叶时及早摘心（图6-64），促发副梢，按整形要求选出副梢培养主枝。当主枝延长枝损伤后，可利用顶端发出的副梢作为延长枝继续延伸生长。

图6-64 副梢摘心

2）利用副梢培养结果母枝。生长势强旺品种，其新梢容易徒长，冬芽分化不良、扁平，第2年不易抽生结果枝，而冬芽旁边的夏芽，当年抽生的副梢，往往生长势中庸健壮。其上的冬芽花芽分化良好、饱满，可作为结果母枝。因此，对生长旺盛的品种，可利用上述特性采取提前摘心和分次摘心的方法，培养副梢成为结果母枝。

3）利用副梢结二次果。某些早、中熟品种的副梢结实率很高，二次果的品质也好，且能充分成熟的地区，可按一次果的培养方法利用副梢结二次果。如京优品种的二次果，坐果率好，穗大粒大，品质优。利用副梢结二次果，可拓宽市场供应，增加收益，充分发挥品种生产潜力。

4）利用副梢压条繁殖。在生长期超过180天的地区，对生长势较强、易发副梢的品种（如巨峰、京亚、京优等），在6月中、下旬，当副梢已抽生长达15cm以上时，可将植株基部的新梢或连同母枝一起，挖浅沟压入地表，随着副梢的生长，逐渐培土，促进主枝节位和副梢基部生根，即可培养成副梢压条苗木。

（2）副梢的处理

1）结果枝上的副梢处理。结果枝上的副梢有2个作用：一是利用它补充结果枝上叶片之不足，二是利用它结二次果，除此之外，其副梢必须及时处理，以减少树体营养的无效消耗，防止与果穗争夺养分和水分。一般采用两种方法处理。

① 习惯法。顶端1~2个副梢留3~4片叶反复摘心，果穗以下副梢从基部抹除，其余副梢"留1片叶绝后摘心"。此方法适于幼龄结果树，多留副梢叶片，既保证初结果期树早期丰产，又促进树冠不断扩展和树体丰满。

② 省工法。顶端1~2个副梢留4~6片叶摘心，其余副梢从基部抹除，顶端产生的二次、三次等副梢，始终只保留顶端1个副梢留2~3片叶反复摘心，其他二次、三次等副梢从基部抹除。此方法适于成龄结果树。少留副梢叶片，减少叶幕层厚度，让架面能透进微光，使架下果穗和叶片也能见光，减少黄叶，促进葡萄着色。

2）营养蔓上的副梢处理。营养蔓上的副梢可利用它培养结果母枝和结二次果、压条繁殖。因此，可按结果枝上副梢处理的省工法进行处理。

3）主、侧枝上延长枝的副梢处理。主、侧枝上延长枝的副梢，除生长势很强旺的可利用它培养副梢结果母枝外，一般都不留或尽量少留副梢，也不再利用副梢结果。所以，延长枝的副梢通常都从基部抹除，当延长枝摘心后萌发的副梢，也只保留最顶端的1个副梢。

二、无核化处理

葡萄无核化处理就是通过良好的栽培技术与无核剂处理技术相结合，使原来有籽（种子）葡萄果实内种子软化或败育，达到大粒、早熟、无籽、丰产、优质、高效的目的。无核化处理是目前葡萄生产上一项重要的新技术，其应用越来越普遍。无核化的药剂主要有以下几种。

1. 赤霉素

应用赤霉素诱导葡萄形成无核果的工作,已在世界上许多国家的葡萄生产中应用,如日本从 1959 年就开始在玫瑰露(底拉洼)品种上应用,到目前应用面积达上万公顷,技术成熟,效果良好。第 1 次处理是在玫瑰露葡萄盛花前 12~14 天。用 100mg/kg 的赤霉素溶液喷布花序,破坏胚(种子)的形成,达到无核的目的。第 2 次处理是在盛花后 13 天,用 50mg/kg 赤霉素溶液喷布果穗,使果粒增大(因为无核后往往果粒变小)。在我国,用赤霉素处理无核化的工作也取得了一些成功的经验。如辽宁省沈阳市郊区的果农对玫瑰香葡萄在花前和花后各 10 天,用 50mg/kg 的赤霉素处理 2 次花序和果穗,能使穗重增加 50%,并且 100% 无核,效益提高近 1 倍。沈阳农业大学对盛花期的巨峰系葡萄喷布 25~50mg/kg 赤霉素,盛花后 10~15 天再用 50mg/kg 赤霉素溶液浸蘸或喷果穗(图 6-65),可以达到 95% 以上的无核效果,并且能使浆果提早 7~10 天成熟。对里扎马特品种,第 1 次在盛花期用 10mg/kg 赤霉素,第 2 次在花后半个月用 30mg/kg 赤霉素溶液浸蘸或喷果穗,能达到理想的无核化效果,且含糖量提高,成熟期提前。

图 6-65 蘸药无核处理

2. 葡萄无核剂和消籽灵

其主要成分也是赤霉素,但混入了其他调节剂或微量元素,比单用赤霉素处理效果要好,且副作用小。使用方法详见产品说明书。

需要特别强调的是,使用赤霉素或无核剂进行无核化处理的效果与品种树势、栽培管理、药剂用量与浓度、使用时期等都有密切关系,稍有不慎就会产生较严重的副作用,如穗轴拉长,穗梗硬化,容易脱粒、裂果等,造成损失。因此，无核剂应提倡在壮树、壮枝上使用，并以良好的地下管理和树体管理为基础。尽量减少或消除不良副作用。此外，因赤霉素不溶于水，需先用90%酒精或60°左右的白酒溶解再兑水稀释。此方法应选在晴朗无风的天气下用药，为了便于吸收，保持浓度的稳定性，最好在8∶00～10∶00或15∶00～16∶00喷药或蘸药。若使用后4h内下雨，雨后应补施1次。

三、土肥水管理

1. 施肥

（1）花前喷肥 在幼叶展开、新梢开始生长时，喷施0.3%尿素+磷酸二氢钾混合液2次，可促进幼叶发育，显著增大叶面积，提高光合能力，促进营养生长和花芽再分化。

适宜根外追肥的化肥种类及使用量：尿素0.1%～0.3%，磷酸二氢钾、硫酸铵0.3%，过磷酸钙、草木灰1%～3%，硼砂或硼酸0.2%～0.3%，硫酸锌0.3%～0.5%，硫酸钾0.05%，硫酸镁0.05%～0.1%，硫酸亚铁0.1%～0.3%，硫酸锰0.05%～0.3%。

（2）补充硼肥 大多数果树从开花到结实，体内的营养代谢非常活跃。在开花期容易缺少的是硼素。缺硼会影响花芽分化、花粉的发育和萌发，在开花时造成花冠不脱落，明显降低坐果率，加剧落花落果，严重时易产生大小粒等现象。硼还能提高果实中维生素和糖的含量，改善果实品质。

可以根据不同品种对硼素的需求，在开花期适当补充硼肥。硼的施用方法有2种：一是叶面喷施，二是土壤施肥。叶面喷施可以在花前、花期连续喷施0.2%～0.3%的硼砂或硼酸盐溶液，中间间隔1周左右。将硼肥施入土壤可以在开春开沟时施入，每公顷施22.5～30kg的硼酸或硼砂。

2. 水分管理

从初花至谢花期10～15天内，应停止灌水。花期灌水会引起枝叶徒长，过多消耗树体营养，影响开花坐果，出现大小粒和严重减产。江南的梅雨期正值葡萄开花期和生理落果期。如果土壤排水不良，甚至严重积水，会大大降低坐果率。同时引起叶片黄化，导致真菌病害和缺素症（如缺硼）等发生。

因此，在葡萄园规划、设计、建园时，必须建设好符合要求的排水系统。在常年葡萄园管理中，要加强排水系统的管理，经常清理沟泥，清除杂草，保持常年排水畅通。畦沟要逐年加深，特别是在水田建园，要使地下水位保持较低的水平。要求在梅雨季节，雨停田内无积水。

四、病虫害防治

5月是葡萄病虫害防治的关键时期，是各种害虫陆续出蛰和病害数量的积累阶段，大家往往看不到病害，因此应引起足够重视。

1. 花序分离期

一般在葡萄开花前15天左右，是灰霉病、黑痘病、炭疽病、霜霉病、穗轴褐枯病的重要防治期，也是开花前最为重要的防治期。特别是上一年发生普遍或发生严重的病害，在气候湿润或雨水较多时，必须采取防治措施。

一般情况下，78%科博800倍液（为保护性杀菌剂，广谱高效），能同时防治灰霉病、黑痘病、炭疽病、霜霉病、穗轴褐枯病。灰霉病和穗轴褐枯病发生较重时，可使用78%科博800倍液+50%扑海因1600倍液。炭疽病比较严重的果园，可使用78%科博800倍液+10%美铵600倍液+20%速乐硼2000倍液。黑痘病、白粉病、白腐病比较严重的果园，可使用78%科博800倍液+40%稳歼菌8000倍液。

2. 开花前3～5天

此时期是灰霉病、黑痘病、炭疽病、霜霉病、穗轴褐枯病等病害的防治期，兼顾防治透翅蛾、金龟子等虫害。常规情况下，如果气候干燥，可使用50%多菌灵600倍液或70%甲基硫菌灵800倍液，可同时防治灰霉病、黑痘病、炭疽病、穗轴褐枯病，广谱杀菌但药效一般。灰霉病比较严重的葡萄园用50%多菌灵600倍液+40%嘧霉胺800～1000倍液。炭疽病比较严重的果园使用50%多菌灵500倍液（或70%甲基硫菌灵800倍液）+10%美铵600倍液。春季雨水多，炭疽病、黑痘病、霜霉病比较严重的地区，可选用70%甲基硫菌灵800倍液+10%美铵600倍液+50%科克2500倍液，或25%阿米西达悬浮剂2000倍液。

【知识链接】　　葡萄霜霉病的症状及防治措施

（1）**症状**　葡萄霜霉病主要为害葡萄的叶片，也能侵害嫩梢、花序和幼嫩的部分。叶片发病时，最初为细小的不定型浅黄色水渍状斑点，以后逐渐扩大，在叶片正面出现黄色和褐色的不规则形病斑，边缘界限不明显，经常数个病斑合并成多角形大斑。病斑背面产生白色的霜状霉层,发病严重时,叶片焦枯卷缩而早期脱落。嫩梢、叶柄、果梗等发病时,最初产生水渍状黄色病斑,以后变为黄褐色至褐色,形状不规则。天气潮湿时,在叶片下表面密生白色霜状霉层(图6-66),天气干旱时,病部组织干缩下陷,生长停滞,甚至扭曲或枯死。花及幼果受害时,病斑初为浅绿色,后呈现深褐色,病果粒变硬,并在果面形成霜状霉层(图6-67),不久即萎缩脱落。

图6-66 葡萄霜霉病症状　　图6-67 霜霉病为害果实症状

(2)防治方法

1)冬季清园。收集病叶、病果、病梢等病组织残体,彻底烧毁,减少果园中越冬菌源是预防霜霉病发生的重要技术环节。

2)加强果园栽培管理。尽量剪除靠近地面不必要的叶片,控制副梢生长;保持良好的通风透光条件,降低果园湿度,减少土壤中越冬的卵孢子随雨溅上来的机会。此外,增施磷、钾肥,在酸性土壤中增施生石灰,均可以提高葡萄的抗病能力。

3)药物防治。铜制剂是防治霜霉病最重要、最有效的药剂,如波尔多液等。同时可用喷克、乙磷铝等进行预防。发病初期喷石灰半量式波尔多液160倍液,或50%克菌丹500倍液、65%代森锌500倍液、40%乙磷铝可湿性粉剂200倍液、25%甲霜灵可湿性粉剂1000倍液、35%甲霜灵2000~3000倍液。以后每隔10~15天喷1次,连续2~3次,可以获得较好的防治效果。以25%甲霜灵可湿性粉剂2000倍液,分别与代森锌或福美双1000倍液混用,比单用效果更好,同时还可兼治其他葡萄病害。72%克露可湿性粉剂是防治霜霉病效果较好的一种新药剂,药效期长,既有预防也有治疗效果,常用量为700~800倍液,每隔15~20天喷1次即可。最近研制的烯酰吗啉、氟吗啉、霜脲氰等对防治霜霉病有良好的效果（图 6-68），可选择使用。

图 6-68　霜霉病叶片治愈后的状态

第四节　浆果生长期

【知识链接】　　　　葡萄果

此期正值葡萄幼果迅速膨大期，从终花期到浆果开始着色为止，一般早熟品种为 35～60 天，中熟品种为 60～80 天，晚熟品种为 80～90 天。葡萄果实生长为双"S"形。根据不同时期果实生长发育特点和生长快慢可以把果实的生长发育过程分为 3 个阶段：

（1）第 1 期称为迅速生长期　是指从开花坐果开始到第 1 次快速生长结束的这一段时期。在此期间细胞分裂活性非常旺盛，尤其是在这一时期的前半期即开花后 5～10 天，果肉细胞进行着旺盛的分裂。同时果实体积增大也较快，果皮和种子都迅速生长。在第 1 期结束时果实内种子的发育已经基本达到成熟时的大小，但胚仍然较小。

（2）第2期称为硬核期或暂时停止生长期　在这一时期中果实膨大生长速度开始下降或停滞，但种皮开始迅速硬化，胚的发育速度加快，浆果酸度达到最高水平，开始了糖的积累。

（3）第3期称第2次迅速生长期　在这一时期的初期阶段果色开始转变（称为转熟期），果实硬度开始下降，随之果实再次快速膨大，果实中糖分急剧增加，酸度降低。果实干重的变化与鲜重变化大致相同。

葡萄果实是由子房发育而成，属真果（图6-69）。浆果的颜色决定果皮中的色素。果皮的成分与酿制酒的色泽和风味有密切的关系，果皮的黄色和绿色是由叶黄素、胡萝卜素等的存在和变化所形成；红、紫、蓝、黑色是由花青素的变化所形成。大部分的果肉透明无色，但少数欧洲葡萄品种和一些杂交品种的果汁中含有色素。葡萄所含的色素对酿制红、白葡萄酒有直接的关系，而对鲜食仅是一个外观因素。

图6-69　葡萄果实

一、新梢管理

此期新梢和副梢旺盛生长，主要做好以下几项工作：

1）继续绑蔓（图6-70，图6-71）、去卷须、处理副梢等工作。副梢处理方法同开花坐果期，保持架面通风透光。

2）定期清除被黑痘病、炭疽病、透翅蛾等病虫为害的枝蔓、叶片、果实、卷须等，集中烧毁，减少病原传播。

第六章 鲜食葡萄周年管理技术

图6-70 绑蔓器

图6-71 葡萄绑蔓

二、促进浆果膨大

1. 应用葡萄膨大剂

葡萄膨大剂是一种新型高效的细胞分裂素类植物生长调节剂,它的有效成分为KT-30,具有强力促进坐果和果实膨大的高活性物质,其生理活性为玉米素的几十倍,居各种细胞分裂素之首。葡萄膨大剂对落花落果严重、开花期气候条件敏感的巨峰等品种提高坐果率的效果非常明显,可使产量大大提高。

> ⚠ **【注意】** 在使用膨大剂时有一点需注意,由于它能使坐果率提高、果粒明显膨大,必须较严格的控制产量,必要时配合疏粒。否则,由于产量过高会造成着色和成熟期推迟,而在正常产量负担下,对着色和成熟期无明显影响,并且有提高浆果含糖量的效果。

葡萄膨大剂是塑料锡箔袋装,液体产品,使用时每袋兑水1~1.5kg。使用时期为落花后7~10天和20天各喷(浸)果穗1次(图6-72)。四川兰月科技开发公司生产的狮子王牌葡萄膨大剂每10mL兑水1~1.5kg,可在落花后1~15天处理1次,也可在落花后7~10天和18~20天各浸果穗1次。处理时最好是阴天或晴天16:00以后。浸果穗后轻轻抖一抖果穗,抖掉穗粒下部水珠,以免形成畸形果。

2. 使用赤霉素

对无核品种应用赤霉素处理可使果粒明显增大。使用方法是在盛花期

图 6-72　喷膨大剂

用赤霉素 10～30mg/kg 处理 1 次，于花后 15～20 天用 30～50mg/kg 再处理 1 次，浸蘸或喷布花序和果穗。因品种不同，最适处理量有所差异。实践证明：红脸无核第 1 次用 10mg/kg，第 2 次用 30mg/kg；金星无核第 1 次用 20～50mg/kg，第 2 次用 50mg/kg；无核白鸡心第 1 次用 20mg/kg，第 2 次用 50mg/kg；无核白第 1 次用 10～20mg/kg，第 2 次用 20～40mg/kg 处理；使用效果均较好，可使果粒增重 0.5～1 倍以上。

3. 应用大果灵和增大灵

对有核品种（如巨峰、藤稔等）于花后 10～12 天应用大果灵或增大灵浸或喷果穗，可使果粒增大 30%～40%。详细的使用方法参照产品说明书。

三、疏　果

国外优质葡萄的产量，一般都控制在 1.7～2kg/m² 的范围内。我国果农过分追求产量，巨峰葡萄高产园每亩产量高达 3000kg 以上（每平方米产果 4.5kg 以上）。造成浆果粒小、糖度低、酸度高、着色差（甚至不着色）、新梢不成熟、花芽分化不好。第 2 年发枝很少，花序很少，树势衰弱，第 3 年大量死树。所以从优质角度考虑，必须规范每平方米架面产果量为 2～2.5kg，每公顷产量 1.95 万～2.25 万 kg 为标准。

1. 时期

为减少养分的无效消耗，疏穗和疏粒的时期以尽可能早为好。一般在坐果前进行过疏花序的植株，疏穗的任务减轻，可以在坐稳果后（盛花后 20 天），能清楚看出各结果枝的坐果情况，估算出每平方米架面的果穗数量时进行。疏粒工作在疏穗以后,当果粒进入硬核期时,在果粒能分辨出大小粒时进行。

2. 疏穗方法

本方法是根据生产1kg果实所必需的叶面积推算架面留果穗的方法进行疏穗,是比较科学的。因为叶面积与果实产量和质量存在极大的相关性,通常叶面积大、产量高、品质好,但是产量与质量之间又是负相关,必须先定出质量标准,在满足质量要求的前提下,按叶面积留果。

每1000m^2的架面上,具有15000~20000m^2的叶面积,可生产含糖17%的巨峰葡萄1800~2500kg,折算为我国每亩产1180~1650kg。

疏穗的具体方法:强枝留2个穗、中庸果枝留1个穗、弱枝不留穗,每平方米架面选留4~5个穗(图6-73)。

图6-73 葡萄疏穗

3. 疏粒方法

通过疏粒使果穗大小符合所要求的标准,也是果穗整形、果粒匀整、提高商品性能的重要措施。标准穗重因品种而异,小粒果、着生紧密的果穗,以200~250g为标准穗;中粒果、松紧适中的果穗,以250~350g为标准;大粒果、着生稍松散的果穗,以350~450g为标准;果穗太大,糖度低,特别是着色要差,尤其居于果穗中心的果粒难着色,影响商品性。

疏粒时,首先把畸形果疏去;其次把小粒果疏去,个别突出的大粒果在日本也是要疏去的,在我国一般都留下。然后根据穗形要求,剪去穗轴基部4~8个分枝及中间过密的支轴和每支轴上过多的果粒,并疏除部分穗尖的果粒。大粒品种每穗保留30~60粒,小粒品种每穗保留60~70粒(图6-74,图6-75)。

图6-74 疏粒前的葡萄

图6-75 疏粒后的葡萄

四、果穗套袋

1. 套袋的作用

果穗套袋,即在葡萄坐果后,用专用纸袋将果穗套住,是保护果穗的一种新技术。果穗套袋能有效地防止或减轻黑痘病、白腐病、炭疽病和日灼病的感染和危害程度,尤其是炭疽病;能有效地防止或减轻各种害虫如蜂、蝇、蚊、粉蚧、蓟马、金龟子、吸果夜蛾和鸟等为害果穗;能有效地避免或减轻果实受药物的污染和残毒积累;能使果皮光洁细嫩,果粉浓厚,提高果色鲜艳度,果实美观,防止裂果,提高果品商品性。但由于袋内光照条件受到限制,着色稍慢,成熟期要推迟5~7天;果实含糖量和维生素C含量稍有下降的趋势;加上较费工,且纸袋增加成本等,可根据自身情况选择是否套袋。

2. 葡萄果袋

目前,葡萄果袋市场质量良莠不齐,伪劣仿制袋大量上市,这种袋虽然价格低廉,但质量太差,生产中应用后会给果农带来巨大的损失。主要表现在以下几个方面:

1）原纸质量差，强度不够；经风吹、日硒、雨淋后容易破损；造成裂果、日烧及着色不均等。

2）无防治入袋病虫害的作用，一旦发生病虫入袋为害，则束手无策，只能解袋防治。

3）劣质涂蜡纸袋会造成袋内温度过高，灼伤幼果。因此，生产中一定要严格选择纸袋种类，采用正规厂家生产的优质纸袋，坚决杜绝使用假冒伪劣产品。另外，用过一年的纸袋下一年一般不要再用，因为纸袋经过一年的风吹雨打，纸张强度和离水力显著降低，再次使用极易破损；涂药袋此时已经没有任何药效，难以发挥套袋应有的效果，甚至会带来不应有的损失。葡萄套袋应根据品种及不同地区的气候条件，选择和使用适宜的纸袋种类。一般巨峰系葡萄采用巨峰专用的纯白色，经过氧水处理的聚乙烯纸袋为宜（图6-76）；红色品种可用遇光度大的带孔玻璃纸袋或塑料薄膜袋（图6-77）；为了降低葡萄的酸度，也可以使用玻璃纸袋、塑料薄膜袋等能够提高袋内温度的果袋；生产中应注意选择使用葡萄专用的成品果实袋。

图6-76　聚乙烯纸袋

图6-77　塑料薄膜袋

3. 套袋时期

葡萄套袋要尽可能早。一般在果实坐果稳定、整穗及疏粒结束后立即开始，此时幼果似大豆粒大小，南方可在5月进行。因炭疽病是潜伏性病害，花后若遇雨，孢子就可侵染到幼果中潜伏，待到浆果开始成熟时才出现症状，造成浆果腐烂。为减轻幼果期被病菌侵染，套袋宜早不宜迟。北方地区宜赶在雨季来临前结束套袋工作，以防止早期侵染的病害及日灼。如果套袋过晚，果粒生长进入着色期，糖分开始积累，不仅病菌极易侵染，而且日灼及虫害均会有较大程度地发生。西北干旱地区、高海拔地区，套袋工作可适当推迟到着色前。棚架下遮阴果穗的套袋宜早不宜晚，篱架和棚架的立面果穗因阳光直射，应适当推迟套袋。另外，套袋要避开雨后的高温天气。在阴雨连绵后突然晴天,如果立即套袋,会使日灼加重。因此,要经过 2~3 天,使果实稍微适应高温环境后再套袋。

4. 套袋方法

套袋前,先将果穗顺穗(图 6-78),再全园喷布 1 次杀菌剂,如复方多菌灵、代森锰锌、甲基托布津等,重点喷布果穗,药液晾干后再开始套袋。将袋口端 6~7cm 处浸入水中,使其湿润柔软,便于收缩袋口,提高套袋效率,并且能够将袋口扎紧扎严,防止害虫及雨水进入袋内。套袋时,先用手将纸袋撑开,使纸袋整个鼓起,然后由下往上将整个果穗全部套入袋内,再将袋口收缩到穗梗上,用一侧的封口铁丝紧紧扎住(图 6-79~图 6-81)。注意铁丝以上要留有 1~1.5cm 的纸袋,并且套袋时绝对不能用手揉搓果穗。

图 6-78 顺穗

图 6-79 套袋

图 6-80 套袋后

图 6-81 完成套袋的葡萄园

5. 套袋后的管理

套袋后可以不再喷布针对果实病虫害的药剂,重点是防治好叶片病虫害如叶蝉、黑痘病、炭疽病、霜霉病等。对玉米象、康氏粉蚧及茶黄蓟马等容易入袋为害的害虫要密切观察,严重时可以解袋喷药,药剂有 50% 辛

第六章 鲜食葡萄周年管理技术

氰乳油 2000~3000 倍液、48% 乐斯本 1200~1500 倍液等。

五、土肥水管理

1. 土壤管理

加强土壤管理，保持土质疏松、肥沃，并经常注意改善土壤的透气性，增加有机质，以充分满足葡萄根系生长发育的需要。中耕、除草与刈草等土壤管理措施是获得葡萄优质、高产的重要措施之一。

2. 施肥

果实生长期既需要较多的氮素营养，又需要较多的磷、钾素营养，氮、磷、钾肥料要配合施用。若单施化肥，每公顷应施尿素 450kg 左右、过磷酸钙 450kg 左右、氯化钾（硫酸钾）300kg 左右；若用复合肥，每公顷应施 450kg 左右，还应配施尿素 225~300kg、氯化钾（硅酸钾）150~225kg，有条件的配施腐熟菜籽饼 375~450kg。欧亚种葡萄可增加 1 倍的施肥量。

【注意】 由于施肥量大，不能一次性施用，应分 2 次施用。

施肥方法：将氮、磷、钾化肥混合后撒施畦面，浅翻入土；或在畦两边开沟或枝株间挖穴（图 6-82）施入后覆土。如果土壤干燥，施肥后应适当浇水。

图 6-82　生长期追肥

在果粒硬核期以后结合叶面喷肥，每 10 天喷 1 次 3%～5% 的草木灰和 0.5%～2% 的磷肥浸出液，或喷施 0.2%～0.3% 的磷酸二氢钾溶液，连续喷施 3～4 次，对提高果实品质有明显作用。

3. 水分管理

此期植株的生理机能最旺盛，为葡萄需水的临界期，适宜的土壤湿度为田间持水量的 75%～85%。如果水分不足，叶片将夺去幼果的水分，使幼果皱缩而脱落。若遇严重干旱，叶片还从吸收根组织内部夺取水分而影响呼吸作用正常进行，导致生长势减弱，产量下降。故要做好水分管理工作，给水时可用滴灌（图 6-83）等方法灌溉。

图 6-83　滴灌

六、病虫害防治

1. 病虫害发生

1）病害。此期黑痘病继续发生，在为害嫩叶、嫩梢的同时，主要为害幼果；白腐病开始发生，为害果梗、穗轴；多雨年份，霜霉病易发生；炭疽病开始为害叶片；为害果粒的病菌会潜伏在果粒内。

2）虫害。因透翅蛾未被杀灭，其幼虫蛀入为害；天蛾幼虫蚕食叶片；铜绿金龟子等成虫食害叶片。

2. 防治方法

1）退菌特或百菌清 500～800 倍液，或多菌灵 800 倍液，或赛欧散 800 倍液，若有虫害需加乐果 1000～1500 倍液，再加展着剂 2000 倍液喷树冠。

2）霜霉病发病初期，用美国杜邦生产的 72% 克露 750 倍液喷树冠，隔 10～15 天再喷 1 次，有特效。注意不要与碱性农药混喷。

3）喷1∶1∶200倍波尔多液,或退菌特700倍液,或杀毒矾700倍液,或喷克800倍液,或科博500倍液,并及时剪除被病虫为害的病枝、病叶、病果。5~6月上旬金龟子发生数量多时,可于傍晚喷90%的敌百虫800倍液+50%敌敌畏800~1000倍液,效果较好。

七、防止日灼

1）症状。日灼病是葡萄的一种生理病害,主要危害果实(图6-84)。受到伤害的果粒首先在果面上出现火烧状浅褐色豆粒大小的病斑,后逐渐扩大成椭圆形稍凹陷的干病斑,在多雨季节,病斑易感染炭疽病等其他病害,引起果实腐烂。日灼病多发生在7月上、中旬的果实硬核期,浆果着色后即较少发病。

2）防止措施。防止果穗暴晒,夏剪时,果穗附近适当多留叶片遮阴,以避免果穗直接暴露于阳光下。对果穗实施套袋,避免阳光直射,在无果穗的部位,应适当去掉一些过多的叶片,以免其过多地向果实争夺水分。

图6-84 葡萄日灼病症状

【知识链接】　　波尔多液的配制及使用

在配制时,将硫酸铜用少量热水溶解后加水至50kg,再用另一容器将生石灰化开,加水至50kg,然后将两种溶液同时慢慢倒入另一空桶中,边倒边搅,即配成天蓝色药液。或用1/3的水配石灰乳,2/3的水配硫酸铜液,然后把稀释的硫酸铜液缓缓地倒入石灰乳中,边倒边搅拌,这样配制成的波尔多液,一般质量较好。但需注意以下事项:

① 选用洁白成块的生石灰,用蓝色有光泽的硫酸铜和清洁的软水(不含矿物质水)。

② 配制时,不用金属器皿,尤其不能用铁器。铁器容易与硫酸铜起化学作用,使硫酸铜变质失效,应该用木器、瓷器、陶器和水泥

池等。

③ 当硫酸铜溶液与石灰乳的温度达到一致时再混合，可先将两种溶液配好，放至常温后再混合。

④ 现配现用，不宜储藏。

⑤ 只能把稀释的硫酸铜液缓缓倒入石灰乳中，不能过快，搅拌时间要长一些。配制程序不能颠倒，切记不能把石灰乳倒入硫酸铜液中。

⑥ 不可把浓硫酸铜液和浓石灰乳混合后再加水稀释，这样制成的波尔多液质量较差。

⑦ 波尔多液是一种良好的保护剂，应在发病前喷用。

⑧ 夏季应选择晴天上午和下午气温降低时喷药为宜，以免发生药害。

⑨ 波尔多液不能与石硫合剂、退菌特混用。喷过石硫合剂和退菌特后，需隔15天左右才能喷波尔多液。喷彼尔多液后，需隔20天左右才能喷石硫合剂和退菌特，否则，易发生药害。

【知识链接】　　葡萄白腐病的症状及防治措施

（1）症状　葡萄白腐病（图6-85）主要为害果实和穗轴，也能为害枝蔓和叶片。果穗发病先从距地面较近的穗轴和小果梗开始，起初出现浅褐色不规则的水渍状病斑，逐渐蔓延到果粒。果粒发病后1周，病果由褐色变为深褐色，果肉软腐，果皮下密生白色略凸起的小点。以后病果逐渐干缩成为有棱角的僵果，果粒或果穗易脱落，并有明显的土腥味（据此可与穗轴褐枯病相区别）。枝蔓发病多在受伤的部位，病斑初为褐色、水渍状椭圆斑，以后颜色变深，表面密生略为凸起的灰白色小粒点，后期病蔓皮层与木质部分离，纵裂，纤维散乱如麻，病部两端变粗，严重时病蔓易折断，或引起病部以上枝叶枯死。叶片发病时，先从叶缘开始产生黄褐色边缘呈水渍状的"V"形病斑，逐渐向叶片中部扩展，形成近圆形的浅褐色大病斑，病斑上有不明显的同心轮纹。后期病斑产生灰白色小点，最后叶片干枯，极易破裂。

（2）防治方法

1）秋末认真清园。彻底清除落于地面的病穗、病果；剪除病蔓和病叶并集中烧毁。冬季结合修剪，剪除树上病蔓，并将病残枝叶彻底烧毁。

2）加强栽培管理。合理修剪，及时绑蔓、摘心、处理副梢和适当疏叶，为葡萄生长创造良好的通风透光条件，降低田间湿度。栽培上要注意改良架形，将果穗坐果部位提高到距地面60cm以上，以减少发病概率。

3）合理施肥。生长前期以施氮肥为主，以促进枝蔓生长；着果后以施磷、钾肥为主，以提高植株的抗病力。

图6-85 葡萄白腐病症状

4）坐果后经常检查下部果穗，发现零星病穗时应及时摘除，并立即喷药。以后每隔15天喷1次，至果实采收前为止，共喷3~5次。常用药剂有80%喷克可湿性粉剂800倍液、50%退菌特800倍液、70%百菌清500~700倍液、50%多菌灵800倍液、50%甲基硫菌灵800倍液、50%可湿性福美双（赛欧散）700~1000倍液。

5）在白腐病发病初期，应及时采用6000~8000倍液氟硅唑（福星），或3000~4000倍液烯唑醇等治疗剂喷洒。

6）在发病严重的地区，要推广果穗套袋技术。防止病菌侵染果穗，减少农药的施用。

7）生长季若发生冰雹、暴风雨等自然灾害，在灾害发生后12h以内必须喷布甲基硫菌灵等药剂，以保护伤口，防止白腐病暴发。

8）对白腐病发生较严重的果园，除加强树体防治外，萌芽前可在树盘内的地表面喷洒5波美度石硫合剂或进行地膜覆盖，以减少越冬菌源的侵染。

【知识链接】 葡萄黑痘病的症状及防治措施

(1) **症状** 葡萄黑痘病是每年葡萄园中较早发生的一种病害，主要侵染植株的幼嫩组织，包括葡萄幼嫩的叶片、叶柄、果实、果梗、穗轴、卷须和新梢等部位。叶片发病后开始出现针头大小的红褐色斑点，周围有黄色晕圈，以后病斑扩大呈圆形或不规则形（图6-86），中央变成灰白色、稍凹陷，边缘暗褐色，并沿叶脉连串发生。叶脉受害后，由于组织干枯，常使叶片扭曲、皱缩，甚至枯死。产生长椭圆形或条形的暗褐色凹陷病斑，以后中央部分变为灰褐色，严重感病部位以上枝梢枯死。果实发病之初产生圆形深褐色小点，以后扩大，直径可达2~5mm，中部凹陷，呈灰白色，外部深褐色，周缘有紫褐色晕，呈现典型的"鸟眼状"病斑（图6-87）。染病的幼果长不大，色深绿，味酸、质硬、畸形，病斑处有时开裂。

图6-86 葡萄黑痘病为害叶片

图6-87 葡萄黑痘病为害果实

(2) **防治方法**

1）秋季清园。结合修剪彻底剪除病枝、病果，剥除老蔓上的枯皮，并集中烧毁。

2）使用铲除剂。在葡萄发芽前喷洒1次铲除剂，消灭越冬潜伏病菌。常用的铲除剂有3~5波美度石硫合剂，或喷布25%双弧盐250~400倍液，或4%福美砷可湿性粉剂150倍液。

3）在葡萄展叶后至果实着色前，每隔10~15天喷1次200倍石灰半量式波尔多液。喷药的次数和具体时间根据气候条件和葡萄生长情况而定。最为重要的是新梢20cm时和开花前和落花后这3次喷药必须认真做好。为了增加药液黏着力，可加入0.1%的皮胶。

4）外引苗木、插条的彻底消毒是葡萄新发展区预防黑痘病发生的

第六章 鲜食葡萄周年管理技术

最好方法,一般在栽植或扦插前用3波美度石硫合剂,或10%硫酸亚铁+1%粗硫酸,浸条或喷布均能收到良好的预防效果。

5)利用克博600倍液,或喷克或甲基硫菌灵1300~1500倍液、多菌灵1000倍液或百菌清600倍液,生长前期每7~10天喷布1次,也可有效防止黑痘病的发生。

6)在黑痘病发生过的地区,在枝条长出3~4片叶时应及时喷1次波尔多液或退菌特800倍液。尤其是在雨后转晴时,对易发生黑痘病的品种如乍娜、玫瑰香、里扎马特等要加喷1次甲基硫菌灵。

7)若发现黑痘病的发生,可采用霉能灵(酰胺唑)800~1000倍液或烯唑醇3000~4000倍液、噁醚唑(世高)2500~3000倍液进行防治。

【知识链接】 葡萄气灼病的症状及防治措施

(1)**症状** 葡萄果实气灼病是近几年在葡萄上发现的一种生理性病害,在宁夏、广西、辽宁等地均有发生。

气灼病主要危害幼果期的绿色果粒,一般靠近地面的果穗容易受害。它与日灼病的区别在于被害果粒不仅仅局限在果穗的向阳面,而是果穗上的任何部位都有发生,甚至在棚架的遮阳面、果穗的阴面和果穗内部、下部果粒均可发病。被害果实开始时果皮颜色变浅、失水呈浅褐色病斑,下部果肉出现褐色坏死,并且干缩、凹陷,后期病斑成为干疤,使果粒干缩,危害极大(图6-88)。此种病害是因气温过高引起水分供应不足,使蒸腾受阻、果面局部温度过高而导致的。气灼病发生的轻重与气候、栽培管理措施有关。土壤黏重的葡萄园发病较重,种草或覆草的葡萄园和土壤有机质含量高的葡萄园气灼病均较轻。阴雨过后突然放晴的闷热天气,或套袋果在雨后天气突然放晴温度过高时,均易发生气灼病。夏季修剪时,摘心过重或副梢处理过重时会加重气灼病的发生。

(2)**防治方法**

1)加强葡萄园土壤水分管理,保证良好的水分供应。在幼果生长的早中期,要经常保持树盘内适中的水分供应,防止土壤水分急剧变化,尤其是晴天中午不要进行灌溉。在葡萄园内推行种草或覆草,既

图6-88 葡萄气灼病果实受害状

可有效保持水土,也能减少地表热辐射,从而减少气灼病的发生。

2)采取壮根性措施。健壮、发达的根系,是水分吸收和传导的基础。壮根性措施包括:增施有机肥、提高土壤通透性、合理负载、采收后及时进行病虫害防治等,此外还要注意根系病虫害(如线虫病、根腐病等)的防治。

3)减少伤口,适时套袋。栽培中尽量减少果穗上和果穗周围的病虫害和机械伤口等;要避开高温季节,适时进行套袋,这些措施均能有效防止气灼病的发生。

第五节 浆果成熟期

浆果成熟时期及其所需的天数因地区和品种的差异而有所不同。我国北方葡萄成熟期为7月下旬~10月下旬,一般品种为8~9月。早熟品种着色期短而成熟早,晚熟品种着色期长而成熟晚。认为葡萄浆果开始变软和着色即为成熟的观点是一种误解。特别是晚熟品种尚有一个相当长的营养物质积累和转化过程,只有浆果达到一定的含糖量(15%~20%)和含酸量(0.5%~0.8%),甜酸比适当,具有该品种特有的颜色和风味,才为真正成熟。成熟期的平均温度要求在24℃左右,最高28.3℃,最低不能低于14℃。实际上浆果的成熟往往受自然条件和栽培技术条件的影响,同一品种葡萄在沙土地上比黏土地上成熟早;气温较高的干旱年份比气温较低、雨水较多年份成熟得早;负载量适宜比负载量大的年份成熟得早;后期氮肥多比氮肥少的成熟得晚；后期灌水多时也可促进贪青徒长而延迟浆果成熟期。

在浆果成熟期间，若日光充足、干旱、高温、昼夜温差大，雨水稀少，则果实含糖量高，品质好，且有利于花芽分化。这一阶段，葡萄叶片光合能力制造的养分，大量积累于浆果内，而新梢木质化和芽的继续分化及根部储存营养等需要大量养分，因此要注意多施磷、钾肥，并做好叶片保护工作、及时防治病虫害等工作。

一、土肥水管理

1. 施肥

（1）追肥 浆果成熟期恰为早熟品种的果实着色初期，此期施肥对提高果实糖分，改善浆果品质，促进新梢成熟，都有作用。这次追肥以磷、钾肥为主。通常每亩施磷肥50～100kg、钾肥30～50kg。篱架葡萄园在树干两侧，棚架在离主干30～50cm处，挖20cm左右的小沟施入，施后覆土、浇水，以提高肥效。中晚熟品种处于幼果膨大期，追施少量人、畜粪或每株施尿素0.25kg，可使幼果迅速膨大。另外，为增加浆果体积和重量，提高含糖量，增加着色度，促进果实成熟整齐一致，可结合病虫防治，喷施0.2%～0.3%的磷酸二氢钾，或1.0%～2.0%的草木灰浸出液，连喷2次。

（2）施基肥

1）秋施基肥种类。基肥以有机肥料为主，适当掺入一定数量的矿物质元素，以秋季浆果采收以后施入土壤最为适宜。可选用的基肥有厩肥、人畜粪、土杂肥、草木灰、火土肥、过磷酸钙等。

2）施肥量。每亩施有机肥3000～5000kg，并与50～100kg过磷酸钙（或钙镁磷肥）混合。

3）施肥方法。篱架葡萄园在树干两侧，棚架在架的后部距树干30～50cm处，开沟40～50cm深、30cm宽，长度以架长短为宜。要逐年扩大范围，直至超出定植时1m宽的沟为宜。遇有细小须根时可切除，把肥料填入沟中，然后覆土。这种施肥方法，可将根系引向深处，并向远处扩展，同时，可通过逐年施肥，达到改良土壤的作用。

2. 水分管理

（1）控水 浆果着色期水分过多，将影响糖分积累，着色慢，降低品质和风味，易发生白腐病、炭疽病、霜霉病等，某些品种还可能出现裂果，此期间应严格控水连续10天以上，晴热天即应灌水抗旱，晚上灌水，清晨排水，一直到葡萄成熟采收前。

（2）排水 葡萄虽然耐涝性较强，但在低洼积水及雨季地势低的葡萄园还必须做好排水工作。因为葡萄根系只有在土壤含氧量在15%以上时，根系生长才能旺盛，产生较多的新根；当含氧量降至5%时，根系生长受到抑制，细根开始死亡；当含氧量降至3%以下时，根系因窒息而死。土壤水分饱和，土壤所有空隙中的氧被挤出，迫使根系进行无氧呼吸，积累酒精使蛋白质凝固，引起根系死亡。并且在缺氧的情况下，土壤中好气性细菌受抑制，阻碍了有机肥料的分解，土壤中积聚大量一氧化碳、甲烷、硫化氢等还原物质，毒害根系致其中毒死亡。葡萄遭受洪涝灾害毁园现象到处可见，应该引起葡萄栽培者的高度重视。

二、葡萄裂果的原因及预防

一般果实裂果多发生在果实着色成熟期。裂果症状因不同品种、不同诱发因素而异。如巨峰多在果顶部裂开，也有在果蒂部；乍娜一般自果蒂的胴部横向裂开，也有果顶部的纵向开裂；龙宝、奥林匹亚、安吉文、粉红葡萄多在果顶部裂果；黑汉、意大利、普列文玫瑰多在果蒂部呈近环状开裂；金后从果蒂向下纵裂；洋红蜜在果顶部呈放射状三裂；某些果粒着生紧密的品种如玫瑰露、金玫瑰等一般在果粒间接触部分裂开；大可满在果顶部、果蒂处和果粒胴部均可发生裂果（图6-89）。果实裂果，裂口随着果实成熟，着色面的扩大而加长变宽，易被杂菌感染而霉烂。由病虫害引起的裂果与生理裂果不同，如白粉病为害引起的裂果，发生在硬核期之后，果实从果脐向上纵裂；由红蜘蛛为害的裂果，发生在着色之后，果实从果蒂部向下纵裂。

图6-89　葡萄裂果症状

第六章 鲜食葡萄周年管理技术

1. 影响葡萄裂果的因素

（1）裂果与品种有关 葡萄果实裂果与否、裂果轻重与品种关系很大，一般受品种的果实发育特点、果皮组织结构、果粒着生密度等因素制约。一般果皮薄、果肉脆的欧亚种易发生裂果，如牛奶、意大利等，而果皮较厚、肉质软的品种裂果较轻或不裂果。另外，在果实着色期，从果面或根系吸水速度快、吸水量大的品种如里扎马特、布朗无核、奥林匹亚等易发生裂果。

（2）裂果与果皮强度有关 葡萄的果皮强度高低，受果粒部位、成熟度、果粒密度等因素影响。一般果皮强度随着果实成熟、含糖量增加而急剧降低，但同一果粒不同部位降低的幅度不同。如果粒密集的玫瑰露，果粒间的接触部分，表皮层薄，有许多龟裂，果皮强度降低较大，若在成熟期遇降雨，果皮和根系迅速吸水，果粒内部膨压增高，在果粒接触的龟裂部分裂果。果粒稀疏的巨峰，果实着色期，在果顶部有许多小龟裂，有时在果蒂部至果粒胴部有纹状凹陷，这些龟裂和凹陷部位，果皮强度较低，也易发生裂果。

（3）裂果与果粒发育状态有关 巨峰葡萄的裂果与果实的膨大状况有密切关系。易裂果的果粒，在果实发育初期，果实膨大量往往较小，硬核期果实生长明显停滞，且停滞的时间长，至着色期果实又急速膨大，果粒的纵径和横径生长不平衡，果面产生变形，在果顶部或果蒂部形成龟裂和凹陷，这些部位易发生裂果。而果粒在初期膨大良好，硬核期发生停滞时间短，着色期果实膨大量适宜的，裂果少或不裂果。

（4）裂果与种子发育有关 据报道，大多数的裂果发生在只有单个种子的果粒。因单个种子偏向果粒一侧，有种子的一侧发育良好，而无种子的一侧发育较差，果粒畸形，易发生裂果。

（5）裂果与土壤质地有关 一般地势低洼、排水不良、通透性差、干湿变化剧烈、易旱易涝的黏质土易发生裂果。而土层深厚、土质疏松、通透性好的沙质土则裂果较轻。

（6）裂果与土壤水分剧烈变化密切相关 若在果实发育初期降雨少，水分供应不足，土壤长期处于干旱状态，果实在硬核期生长停滞的时间长，到果实着色期因接连降雨或浇水量大，土壤水分急剧增加，根系和果面大量吸水，果实急剧膨大，在果皮强度低的着色部分发生裂口。因此，久旱后骤雨或大量浇水，土壤干湿变化剧烈是引起葡萄裂果的主要原因之一。

（7）裂果与植物生长调节剂有关 据平智研究，奥林匹亚在果实着色期喷布乙烯利和赤霉素有促进裂果的作用，而同期喷布乙烯合成抑制剂氨基乙醇酸则有抑制裂果的倾向。这表明裂果的发生或加剧与乙烯有关。

（8）裂果与某些病虫害有关 葡萄白粉病为害可引发裂果，感病后果面常覆盖一层白粉，后期白粉下形成雪花状或不规则褐斑，果实硬化，失去弹性，常从果顶部向上纵裂，多发生在硬核期以后。葡萄遭红蜘蛛为害后也可引起裂果，在果面上呈褐锈斑，以果肩为多，果面粗糙，果粒多从果蒂向下纵裂。

（9）裂果与栽培管理差有关 在光照不足、通风不良、湿度高、氮肥过多的情况下，果皮脆，易发生裂果。负载量对裂果也有影响。巨峰如负载量大、结果过多、叶果比小、果实成熟延迟，着色不良，易引起裂果。弱树、移栽树、自根树和发生日灼病的植株易发生裂果。另外，不同年份、不同植株间发生裂果的轻重也有差异。总之，往往多个栽培因素影响根系和叶片的功能，引起果实发育和水分生理的异常，从而导致裂果的发生。

2. 防止裂果的几项主要措施

葡萄裂果受多因素影响，各地应根据当地的品种、气候、土壤、栽培管理等具体条件，找出影响裂果的主要因素，采用相应的防治措施，才能收到良好效果。

（1）品种选择 建园定植时，在其他经济性状相同或相近的情况下，应优先选择裂果轻或不裂果的品种。

（2）园地选择与土壤改良 建园时应尽量在土层深厚、土质疏松、通透性良好的沙壤土栽植，但对通气不良、易板结的黏质土，可通过深翻，加厚活土层，增施有机肥，改善土壤理化性质。同时，应注意做好排水工作。

（3）采用"灌控结合法"浇水 花后至采收前的浇水采用"灌控结合法"，即在坐果后的果实发育初期、硬核期，每隔10~15天浇1次水，保持土壤水分的相对稳定，使幼果前期发育良好。尤其是要重视果实着色前的硬核期浇水，以减少该期的果粒生长缓慢停滞的时间，在果实开始着色至成熟期，应保持土壤适宜的湿度和相对稳定，如不太旱，尽量不浇大水，以减少根系和果面因吸水太多而导致裂果。另外，浇水应依降水量情况灵活掌握。在果实成熟期若降雨量大，应做好排水工作。总之，如果土壤水分调节适宜，可有效地减少裂果。

（4）覆盖地膜 对葡萄实行地膜覆盖，可防止降雨后土壤水分剧增，且可使排水通畅，稳定土壤水分。同时，覆膜后可抑制土壤水分蒸发，减少浇水次数，尤其适用于缺水、干旱的地区，防止裂果效果非常显著。覆膜应依据不同品种的果实发育规律和裂果特点，掌握好覆膜的时间和方法。一般在果实发育的第2个高峰期（着色成熟期）之前进行覆膜，如乍娜在盛花后30天左右。覆膜前应浇1次透水，一般到果实成熟采收前不再浇水。覆膜可全园覆盖或树盘覆盖，前者效果更好。覆膜前，将植株基部整得略高，然后覆膜，以利于降雨后水的排出。覆膜对提高着色、提高品质也有一定作用。另外，葡萄园覆草也有减轻裂果的效果。

（5）加强病虫害的防治 对葡萄白粉病引起的裂果，在春季喷25%粉锈宁可湿性粉剂1500倍液，或70%甲基硫菌灵1000倍液，连喷2~3次即可控制此病发生。对葡萄红蜘蛛引起的裂果，在春季应刮除树皮，消灭越冬螨。萌芽后展叶前喷5波美度石硫合剂，生长季喷硫黄胶悬剂300~500倍液，或25%亚胺硫磷500~800倍液，效果较好。

（6）加强综合栽培管理，合理负载 对巨峰、乍娜等易裂果品种，采用疏枝、疏穗等措施，保持适宜的叶果比，防止结果过量，可使果实上色快而整齐。对果穗过紧的品种，适当疏粒，使留下来的果粒有足够的生长空间。改善通风透光条件，加强夏季管理，及时抹芽、绑梢、摘心，使架面通风透光良好，降低空气湿度，减少果皮吸水，增强果皮韧性，对减轻裂果有一定效果。保持树势稳定，要增施有机肥，适当减少施氮肥，使植株健壮，枝条充实，保持适宜的树势和枝势。通过冬季、夏季修剪，保持全株树势的均衡，避免上强下弱。另外，将易裂果品种嫁接在适宜的砧木上，可减轻裂果。最好不要在易裂果的品种上使用乙烯利和赤霉素，以防诱发裂果。另外，采用果穗套袋对减少裂果也有较好效果。

三、新梢摘心及绑梢

1）及时处理好结果蔓、营养蔓上的副梢，顶部副梢留3~4片叶反复摘心外，其余副梢作"留1片叶绝后"处理。

2）及时绑梢和摘除卷须，以促进枝蔓生长。

3）清洁果园，及时清除病叶、病枝、病果，并集中烧毁。

四、防止鸟害

葡萄园周围若林木较多，当葡萄果实成熟时，各种鸟、雀即到葡萄园啄食为害果实。葡萄穗经鸟类啄食后，穗形不整齐，更主要的是鸟类啄破果粒，致使果汁流溢染湿其他果粒，很快引起病害，造成烂果，直到全部果穗烂掉，损失很大。

啄食时间,以清晨天亮时为多。凡被鸟类啄食过的果穗,都是快要成熟的糖分较高或已着色的果粒。防范措施:

1) 不能采用毒鸟或打鸟方法,只能惊飞,每天清晨看园惊鸟。
2) 使用尼龙网对果园进行覆盖,使其不易进入果园架下(图6-90)。
3) 利用彩色反光塑料带,因其随风飘动,可防鸟类啄食葡萄(图6-91)。

图6-90 采用尼龙网覆盖的防鸟措施　　图6-91 采用彩色反光塑料带的防鸟措施

五、摘 袋

1. 摘袋时期及方法

葡萄套袋后可以不摘袋,带袋采收。如摘袋,则摘袋时间应根据品种、果穗着色情况以及纸袋种类而定。一般红色品种因其着色程度随光照强度的减小而显著降低,可在采收前10天左右摘袋,以增加果实受光,促进其良好着色。但要注意仔细观察果实颜色的变化,如果袋内果穗着色很好,已经接近最佳商品色泽,则不必摘袋,否则会使紫色加深,着色过度。巨峰等品种一般不需摘袋,也可以通过分批摘袋的方式来达到分期采收的目的。另外,如果使用的纸袋透光度较高,能够满足着色的要求,也可以不必摘袋,以生产洁净无污染的果品。

葡萄摘袋时,不要将纸袋一次性摘除,应先把袋底打开,使果袋在果穗上部戴一个帽,以防止鸟害及日灼。摘袋时间宜在10:00以前和16:00以后,阴天可全天进行(图6-92,图6-93)。

第六章 鲜食葡萄周年管理技术

图 6-92 摘袋

图 6-93 摘袋后

2. 摘袋后的管理

葡萄摘袋后一般不必再喷药，但须注意防止金龟子等害虫为害，并密切观察果实着色进展情况。在果实着色前，剪除果穗附近的部分已经老化的叶片和架面上过密的枝蔓，可以改善架面的通风透光条件，以减少病虫为害，促进浆果着色。此时，部分叶片由于叶龄老化，光合效率降低，光合产物入不敷出，而大量副梢叶片叶龄较小，所以适当摘除部分老叶不仅不会影响树体光合产物的积累，反而能够增加有效叶面积比例，而且可以减少营养消耗，更有利于树体的营养积累。但是摘叶不可过多、过早，以免妨碍树体营养储备，影响树势恢复及次年的生长与结果，一般以架下有直射光为宜。另外，需注意摘叶不要与摘袋同时进行，也不要一次完成，应当分期分批进行，以防止发生日灼。

六、采收和储藏保鲜

鲜食葡萄最好采收、分级、装箱等工作一次完成到位，要求保持果穗完整无损、整洁美观，利于储藏保鲜和延长货架寿命。因此，对采收技术必须严格要求。

1. 准备采收工具

采收工具包括采收用的采果剪、采果篮、攀高用的垫高凳等；包装用的装果箱及标签、装果膜袋等；称量用的台秤，搬运用的平板车等。

2. 采前清理果穗

对田间架面上即将要采收的葡萄果穗，挨穗进行目测检查，将其中病、虫、青、小、残、畸形的果粒剪除。这项工作有时与采收同时进行，边采收边清理果穗。

3. 采收时间

葡萄采收应在浆果成熟的适期进行，这对浆果产量、品质、用途和储运性有很大的影响。采收过早，浆果尚未充分发育，产量减少，糖分积累少，着色差，未形成品种固有的风味和品质，鲜食乏味，酿酒贫香，储藏易失水，多发病。采收过晚，易落果，果皮皱缩，果肉变软，有些皮薄品种还易裂果，招来蜂蝇和病虫，造成丰产不丰收。并由于大量消耗树体储藏的养分，削弱树体抗寒越冬能力，甚至影响次年生长和结果，引起大小年结果现象。

（1）果实成熟度的类型 根据不同的用途，葡萄浆果的成熟度一般可分为4种类型：

1）可采成熟度。果实七八成熟，糖度较低，酸度较高，肉质较硬，适于罐藏、蜜饯加工。如康拜尔早生、康太等，提前采收用而去皮、去籽、罐藏加工。远途运输也应在此时采收。

2）食用成熟度。果实已成熟，达到该品种应有的色、香、味，适于鲜食、酿酒、制汁和储存。

3）生理成熟度。果实已完全成熟，浆果肉质变软，种子充分成熟，糖酸比达到最高，色、香、味最佳，适于当地鲜食。

4）过分成熟度。果实内含物水解作用加强，呼吸消耗加剧，果皮开始皱缩，风味变淡，易脱粒，商品价值大大降低，甚至失去柜台货架商品价值。

（2）判断成熟度的方法

1）果皮色泽。白色品种由绿色变黄绿色或黄白色，略呈透明状；紫色品种由绿色变浅紫或紫红、紫黑色，具有白色果粉；红色品种由绿色变浅红或深红色。

2）果肉硬度。浆果成熟时无论是脆肉型或软肉型品种，果肉都由坚硬变为富有弹性，变软程度因品种而异。

3）糖酸含量。根据各品种成熟浆果应有的糖酸含量指标。如巨峰可溶性固形物在15%以上、酸度在0.6%以下，为鲜食成熟度的主要指标之一。酒用葡萄常以含糖量达到一定标准作为确定收购价格的基数，随含糖量的增减,价格上扬或下跌。

4)肉质风味。根据口尝果肉的甜酸、风味和香气等综合口感,是否体现本品种固有的特性来判断。

(3)确定采收期 根据上述果实成熟度的标准和用途,可以确定正确的采收日期。但是,葡萄同一品种、同一地块、同一树上的果实,成熟期很不一致,一般都应分期采收,即熟一批,采一批,以减少损失和提高品质。

4. 采收方法

采收工一手持采果剪,一手握紧果穗梗,于贴近果枝处带果穗梗剪下,轻放在采果篮中,不能擦掉果粉,尽量保持果穗完整无损,整洁美观(图6-94)。

整个采收工作要突出"快、准、轻、稳"4字原则。"快"就是采收、装箱、运送等环节要迅速,尽量保持葡萄的新鲜度。"准"就是分级、下剪位置、剔除病虫果粒、称重等要准确无误(图6-95,图6-96)。"轻"就是轻拿轻放,尽量不摩擦果粉、不碰伤果皮、不碰掉果粒,保持果穗完整无损。"稳"就是采收时果穗拿稳,装箱时果穗放稳(图6-97),运输储藏时果箱摞稳。

图6-94 葡萄采收

图6-95 采收时,剔除病虫果粒

图 6-96 采收时，去青粒

图 6-97 葡萄装箱

5. 分级

1）分级的目的和意义。葡萄采收后需要分级等一系列的商品化处理过程。分级的目的是使葡萄商品化，通过分级便于包装、储运，减少产后流通环节损耗，确保葡萄在产后链条增值、增效，实现优质优价，提高市场竞争力，争创名牌产品。

2）分级标准。葡萄分级的主要项目有果穗形状、大小、整齐度；果粒大小，形状和色泽，有无机械伤、药害、病虫害、裂果；可溶性固形物和总酸含量等。鲜食葡萄行业标准中，对所有等级的果穗基本要求是果穗完整、洁净、无病虫害、无异味、充分发育、不发霉、不腐烂、不干燥；对果粒的基本要求是果形正、充分发育、充分成熟，不落粒，果蒂部不皱皮。而当前国内果品批发市场的等级标准，大多分为三级：

① 一级品。果穗较大（400～600g 或 600g 以上），穗形完整无损，果粒呈现品种的典型性，果粒大小一致，疏密均匀，色泽纯正（黑色品种着色率在95%以上，红色品种着色率在75%以上），肉质较硬，口感甜酸适口，无酸涩，无异味。

② 二级品。果穗中大（300～500g），穗形不够标准，形状有差异，果梗不新鲜。果粒基本表现出品种的典型性，但有大小粒，色泽相对一级品

相差10%左右，肉质稍软，含糖量较一级品低出1%~2%，无异味。

③ 三级品。果穗大小不匀，穗形不完整，果梗干缩。果粒大小不匀，着色差，肉质软，含糖量较低，酸味重，口感差，风味淡。可降低价格出售。

6. 包装

葡萄由农产品变成商品需要科学的包装。包装是商品生产的最后环节。通过包装可增强商品外观，增加附加值，提高市场竞争力；保护商品不挤压、不变形、不损坏；防止商品被污染，增进食品卫生安全；利于储藏运输和管理。

（1）包装容器 应选用无毒、无异味、光滑、洁净、质轻、坚固、价廉、美观的材料制作葡萄鲜果包装容器。通常采用木条箱、泡沫苯板箱、纸板箱和硬塑箱等（图6-98）包装容器。要求包装容器在码垛储藏和装卸运输过程中有足够的机械支撑强度，具有一定的防潮性，且具有一定的通透性，利于葡萄呼吸放热和气体交换。在外包装上还需印制商标、品名、重量、等级及产地等信息。

图6-98 葡萄包装箱

（2）包装方法 葡萄是浆果，采收后应立即装箱，避免风吹日晒，否则其易失水、易损伤、易污染。由于葡萄皮薄、肉软，不抗压、不抗震，对机械伤很敏感，最好从田间采收到储运销售过程中只经历1次装箱包装，切忌多次翻倒、多次装箱、多次包装，否则每次翻倒都会引起严重的碰、拉、压等机械损伤，使病菌侵入而霉烂。所以我们应提倡在葡萄架下装箱，但也不排除集中采收后进入车间选果包装的方法。

7. 储藏保鲜

（1）选择适宜的保鲜袋与防腐保鲜剂 天津农产品保鲜中心研制推广的PVC气调袋，不仅能调节气体成分，其透湿性也比PE膜高3倍。另一产品为调湿膜,其内含高强度吸水材料,对水蒸气有主动吸附能力,并对有害气体也有一定吸附作用,可与 PVC 和保鲜剂配合使用。

常用的防腐保鲜剂为二氧化硫型,其通过释放二氧化硫气体达到抑菌杀菌目的,产品有天津保鲜中心产的 CT2 号巨峰专用保鲜剂、天津化工厂产的龙眼专用保鲜剂等。

仲丁胺防腐剂在牛奶葡萄上应用效果较好。其特点是释放速度快,药效期 2~3 个月。使用方法:每千克果用仲丁胺原液 0.1mL,将所需原液加等量水稀释,用脱脂棉或珍珠岩作吸附载体,拌匀后装入开口小瓶或小塑料袋内,放入箱中。

(2)储藏葡萄的环境因素

1)温度。是影响储藏性最重要的因素。欧美杂交品种比欧亚种耐低温,可在(-1±0.5)℃条件下储藏;欧亚晚熟、极晚熟品种采收时温度低,可在(-0.5±0.5)℃条件下储藏;中早熟品种、果梗脆嫩、皮薄及含糖量偏低的品种,以及南方或温室的葡萄耐低温能力稍差,宜在(0±0.5)℃储藏。保持低而稳定的温度是储藏好葡萄的关键技术之一。

2)湿度。保持储藏环境较高的相对湿度是防止葡萄干缩、脱粒的关键因素。欧亚种葡萄要求储藏库和塑料袋内的相对湿度不低于 85%,以 90%~95% 为宜;欧美杂交种储藏相对湿度要在 95% 以上,最佳相对湿度为 95%~98%;以不出现袋内结露为好。

3)气体。随着气调储藏在苹果等水果上的广泛应用,葡萄气调储藏也越来越受到重视。降低储藏空间的氧气含量,提高二氧化碳含量,能明显抑制果实的呼吸作用以及霉菌的活性,延长储藏时间。适宜的二氧化碳含量为 3%~10%,氧气含量为 2%~5%,应用 PVC 气调袋可达到此效果。

(3)储藏方法 北方葡萄栽培老产区,有许多简易储藏方法,介绍如下:

1)塑料袋小包装低温储藏保鲜法。我国庭院栽培的葡萄较多,选择充分成熟而无病、无伤的葡萄果穗立即装入长 30cm、宽 10cm、厚 0.05cm 无毒的塑料袋中(或用大食用袋),每袋装 2~2.5kg,扎严袋口,将其轻轻放在底部垫有碎纸或泡沫塑料的硬纸箱或浅篓中,每箱只放 1 层装满葡萄的小袋。然后将木箱移入 0~5℃的冷屋或楼房北屋,或菜窖中,室温或窖温控制在 0~3℃。当发现袋内有发霉的果粒时,应立即打开包装袋,提起葡萄穗轴,剪除发霉的果粒,并要在近期食用,不能长期储藏。

2）葡萄沟藏保鲜法。在气候冷凉的北方地区，选用晚熟耐储藏葡萄品种，果实充分成熟时采收，将整理完的葡萄果穗，放入垫有瓦楞纸或塑料泡沫的箱或浅篓中，每箱装20～25kg，放2～3层穗即可。先将装好的果箱或果篓放在通风背阴处，预冷10天左右，以降低果温和呼吸热，方便储藏。

选择地势稍高而干燥的地方挖构，沟南北向，宽度为100cm、深度为100～120cm，沟长以葡萄储量而定。沟底铺5～10cm厚的净河沙，将预冷过的葡萄果穗，集中排放于沟底细沙上，一般摆放2～3层，越紧越好，以不挤坏果粒为原则。在"霜降"后，昼夜温差大时入沟，沟顶上架木秆，白天盖上草席，夜晚揭开。在沟温为3～5℃时，使沟内湿度达80%左右。白天沟温在1～2℃时，昼夜盖草席。白天沟温降至0℃时，储藏沟上要盖草苫保温防冻。总之沟里温度要控制在0～3℃，湿度在85%左右为宜。

3）葡萄窖藏保鲜法。山西、河北、新疆、辽宁等地区的果农积累了许多经验，均收到了较好的效果。例如辽宁锦州市太和种畜场设计的永久式地下通风储藏窖，颇为经济实用。窖长5m、宽2.2m、深2.2m，窖的四壁用石头或砖砌成，不勾缝、以增加窖内湿度，窖顶用钢筋混凝土槽型板，其上覆土80～100cm，以利于保温隔热。窖内左右设立2排水泥柱，既作为水泥扳顶柱，又为挂藏葡萄的骨干架。窖中间留60cm宽通道，水泥柱上设6层横杆，每层间隔30cm左右，在横杆上拉5道8号铁丝，5m长的铁丝可吊挂50kg葡萄，全窖可储3000kg葡萄。窖内四角各设1个25cm见方的进气孔，一直通到窖底20cm处的通风遭。窖门设在顶盖的中央处，60cm见方，除供人出入用外，还用作排气孔槽。葡萄采收时穗梗上剪留一段5～8cm的结果枝，以便挂果穗之用。葡萄在10月中旬入窖，立即用二氧化硫（4g/m³硫黄粉）熏蒸60min，以后每隔10天熏蒸1次，每次熏30～60min。1个月后，待窖温降至0℃左右时，要每隔1个月熏蒸1次，使窖内相对湿度保持在90%～92%。用此法储藏龙眼葡萄，可以保鲜至次年4～5月，穗梗不枯萎，果粒不霉粒，风味基本正常，果实损耗率为2%～4%，储藏效果良好。

永久性地下式通风窖，结构简单，经济耐用，管理方便。温度调节，主要通过通气孔的开关进行，温度高时白天将通气孔都关闭，晚上都打开降温，湿度大时利用通风降低湿度，如相对湿度不足90%左右时，可在窖内地上喷水调节。此种方法适于庭院储藏葡萄。

4）葡萄冷库储藏法。储藏鲜食葡萄，在江南高温多湿地区，沟藏法、窖藏法均不适用,但可采用二氧化硫熏蒸后冷库储藏的办法(图6-99)。

图6-99 冷库储藏

【知识链接】 葡萄灰霉病的症状及防治措施

(1)**症状** 灰霉病主要为害葡萄的花序、幼果和成熟的果实,也为害新梢、叶片、穗轴和果梗等。

① 花序受害时出现似热水烫过的浅褐色病斑,很快变为暗褐色,软腐,天气干燥时花序萎蔫干枯,易脱落,潮湿时花序及幼果上长出灰色霉层。

② 叶片受害多从叶缘和受伤部位开始,湿度大时,病斑迅速扩展,很快形成轮纹状不规则大斑,生有灰色霉状物,病组织干枯脱落。

图6-100 果实患灰霉病而腐烂

③ 果实受害初期,果实出现褐色凹陷病斑,以后果实腐烂(图6-100)。

④ 果穗受害多在果实近成熟期，果梗和穗轴可同时被侵染，最后引起果穗腐烂，上面布满灰色霉层，并形成黑色菌核。

(2) 防治方法

① 减少菌源。结合修剪尽量清除病枝、果粒、果穗和叶片等残枝体，做到及早发现，及时清除。

② 果园管理。及时摘心、剪除过密的副梢、卷须、花穗、叶片等。避免过量施用氮肥，增施钾肥。提倡节水灌溉、覆膜和果实套袋栽培，降低湿度，控制病菌的传播。

③ 选栽抗病的葡萄品种。在多雨及保护地栽培时，尽量不栽果皮薄、穗紧和易裂果的葡萄品种。

④ 药剂防治（建议用药）。花穗抽出后，可喷洒50%多菌灵800倍液，或50%扑海因1000倍液，或40%多霉克500倍液，或70%易保1000~1500倍液等。采收前喷洒60%特克多1000倍液，要注意轮换施用药剂。

【知识链接】 葡萄炭疽病的症状及防治措施

(1) 症状 葡萄炭疽病主要为害接近成熟的果实，所以也称晚腐病。病菌侵害果梗和穗轴，近地面的果穗尖端果粒首先发病，果实受害后，先在果面产生针头大小的褐色圆形小斑点，以后病斑逐渐扩大并凹陷，表面产生许多轮纹状排列的小黑点，即病露菌的分生孢子盘（图6-101）。天气潮湿时涌出粉红色胶质的分生孢子团是其最明显的特征。严重时，病斑可以扩展到整个果面。后期感病时，果粒软腐脱落，或逐渐失水干缩成僵果。果梗及穗轴发病，产生暗褐色长圆形的凹陷病斑，严重时使全穗果粒干枯或脱落。

图6-101 被炭疽病为害的葡萄

(2) 防治方法

① 秋季彻底清除架面上的病残枝、病穗梗和病果，并及时集中烧毁，消灭越冬菌源。

② 加强栽培管理，及时摘心、绑蔓和中耕除草，为植株创造良好的通风透光条件。同时，要注意合理排灌，降低果园湿度，减轻发病程度。

③ 春天葡萄萌动前，喷洒40%福美双100倍液，或5波美度的石硫合剂，铲除越冬病原体。开花后是防止炭疽病侵染的关键时期，6月中、下旬～7月上旬，每隔15天喷1次药，共喷3～4次。常用药剂有喷克、科博600倍液、50%退苗特800～1000倍液、200倍石灰半量式波尔多液、50%托布津500倍液、75%百菌清500～800倍液、50%多菌灵600～800倍液，或多菌灵—井冈霉素800倍液，特别是对结果母枝上要进行仔细喷布，退苗特是一种残效期较长的药剂，采收前1个月即应停止使用。

④ 穗套袋可明显减少炭疽病的发生，应广泛推广。

【知识链接】 葡萄穗轴褐枯病的症状及防治措施

(1) 症状 葡萄穗轴褐枯病是葡萄上的一种新病害，受害严重的巨峰葡萄，其幼穗、小穗轴和小幼果大量脱落，影响葡萄产量和品质。小穗轴发病初期，先在果穗分枝的小穗轴上出现水渍状褐色小斑点，很快变为褐色坏死，干枯变为黑褐色，幼果萎缩脱落后剩下穗轴，以后干枯的穗轴经风吹或触碰，从分枝处脱落（图6-102）。小幼果被害后有2种症状：

① 最初在小幼果粒上发生水渍状褐色不规律的片状病斑，迅速扩展到整个穗粒，变为黑褐色，随之萎缩脱落。

图6-102　穗轴褐枯病

② 小幼果上出现深褐色至黑色的圆形小斑点，病斑不凹陷，幼果不脱落，随着果粒增大，病斑表现呈疮痂脱落，只影响外观，不影响果实生长发育。

（2）防治措施

① 兴修水利，降低水位；清除杂草，改善架面通风透光条件。

② 花期一周和始花期，结合防治黑痘病和灰霉病，喷洒波尔多液、多菌灵或甲基托布津。

③ 花前18天每株根浇0.5~1g（有效成分）多效唑，可明显增强分枝穗轴的抗病能力。

【知识链接】 葡萄酸腐病的症状及防治措施

（1）症状 该病是近年来在葡萄上新发现的一种为害果实的病害。该病害具有危害大、传播速度快等特点，对果品质量影响较大。受害严重的果园，损失在30%~80%，甚至绝收。主要表现在着色期果穗上有类似于粉红色的小蝇子（醋蝇）滋生，果粒裂口，果实腐烂。如果是套袋葡萄，在果袋的下方有一片深色湿润，是正在腐烂、流汁液的烂果，在果实内可以见到白色的小蛆。腐烂后的酸水由里向外流出，并带有醋酸味，整串果穗很快腐烂，最后只剩下种子和果皮。发病严重的果园整个园子都有醋酸味弥漫。本病通常是由醋酸细菌、酵母菌、多种真菌、果蝇幼虫等多种因素混合引起的。酸腐病（图6-103）实际上是由一种二次侵染而造成的病害。首先是由于各种原因造成果面伤口，而后醋蝇在伤口处产卵并同时传播细菌，形成果粒腐烂，之后醋蝇指数增长，引起病害的流行。一般雨水、喷灌和浇灌等造成空气湿度

图6-103 葡萄酸腐病

过大、叶片过密，果穗周围和果穗内的高湿度会加重酸腐病的发生和为害。在晚熟、糖度高的品种，如克伦生、红地球、红宝石、魏可上危害严重。同时，混合栽植的葡萄园，尤其是不同成熟期的品种混合种植，也能增加酸腐病的发生。

（2）防治措施

1）选用抗病品种。发病重的地区选栽抗病品种，尽量避免在同一葡萄园种植不同成熟期的品种。

2）加强葡萄园综合管理。葡萄园要经常检查，发现病粒及时摘除，集中深埋；合理绑缚枝蔓，增加果园的通透性；积极防治果实日灼病、气灼病，适时套袋，保护好果面，减少果面伤口，在葡萄的成熟期尽量避免灌溉；合理使用或不要使用激素类药物；避免果穗过紧；合理使用肥料，尤其避免过量使用氮肥等。

3）适时进行药剂防治。早期注意防治白粉病等病害，以减少病害造成的果面伤口。幼果期使用安全性好的农药，避免果皮过紧或伤害果皮等。一般在果实着色期和采收前15天各喷1次80%碱式硫酸铜400倍液，同时加入高效氯氰菊酯3000倍液或敌敌畏1000倍液。氯氟氰菊酯3000倍液杀灭醋蝇，可以达到病虫兼治的目的。

【知识链接】 葡萄曲霉病的症状及防治措施

（1）症状 曲霉病主要为害果穗，以果粒受害最重，是葡萄生长中后期至储运期造成果实霉烂的主要病害之一。初期多从果实伤口处开始发生，先形成浅褐色腐烂病斑，继而导致果实成浅褐色软烂，病斑伤口处及表面逐渐产生黑褐色霉层，该霉层经风吹可形成黑褐色"霉烟"。后期软烂果粒失水，仅残留表皮及种子（图6-104）。曲霉病是一种高等真菌性病害，可由曲霉属的多种真菌引起。该类病菌在自然界广泛存在，主要通过气流传播扩散。为害葡萄时主要从伤口处及死亡组织处开始侵染，然后

图6-104　葡萄曲霉病

蔓延导致发病，病、健果接触及病菌的生长扩散均可导致病害的小范围蔓延（果粒间、储运场所的果穗间等）。曲霉病发生的主要条件是果实伤口，高温、高湿有利于病害发生与蔓延，果实越接近成熟越容易受害，果实采收后生命力降低常加重病害发生。

（2）防治措施

1）加强葡萄生长中后期管理。科学施肥、合理灌水，尽量减少果实生长裂伤；加强鸟害与害虫防治，避免造成果实伤口；遭遇暴风雨及冰雹后，及时喷药（美派安等）保护伤口，并促进伤口愈合，尽量实施果实套袋，保护果实免遭伤害；及时整枝打杈，促进架面通风透光，降低环境湿度。

2）搞好葡萄采后管理。采收后仔细整理果穗，彻底剔除病、虫、伤果；包装、装箱过程中要轻拿轻放，避免造成果实伤口，短期储运尽量采取低温储运，控制病害发生环境；中长期储运要采取保鲜防腐措施，如使用保鲜剂、采取气调储藏、臭氧保鲜、低温储藏等。

【知识链接】 葡萄"水罐子病"的症状及防治措施

（1）症状 本病也称转色病，东北称水红粒，是葡萄常见的生理病害，玫瑰香、红地球等品种尤为严重。该病主要在果粒着色期表现出来，首先在果穗下部出现症状，果粒比正常果小，果肉软，皮肉极易分离，成为一泡酸水，用手轻捏，水滴成串溢出，故有"水罐子病"之称。有色品种出现"水红粒"，白色品种色泽暗淡。病果含糖量明显降低，味酸，不可食用。果梗与果粒处容易产生分离层，极易脱粒（图6-105，图6-106）。"水罐子病"的起因是树体营养严重不足。一般在树势弱、摘心重、负载量过多、肥料不足和有效叶面积小时，该病害容易发生；地下水位高或成熟期遇雨，尤其是高温后遇雨，田间湿度大时，此病尤为严重。

（2）防治措施 增施有机肥料；控制负载量，增加叶果比，防止徒长，增加树体营养积累；进行激素处理，人为引导营养物质的分配；幼果生长期，每隔7~10天叶面喷施磷酸二氢钾200~300倍液，能有效防止"水罐子病"的发生。

图 6-105　葡萄水罐子病果穗　　图 6-106　葡萄水罐子病果粒

第六节　落叶期

落叶期从浆果完全成熟到落叶为止。这一时期叶片继续制造养分，并大量在根和枝蔓内积累，植株组织内淀粉含量增加，水分减少，细胞液浓度增高，新梢质地由下而上充实并木质化。这一时期生理活动进行得越充分，新梢和芽跟成熟得就越好。进入秋季，随着气温下降，叶片停止了光合作用，叶柄产生离层，叶片变黄而脱落，标志着葡萄在一年中的生长发育相对结束，进入休眠。华北、西北、东北葡萄落叶一般在 11 月，南方地区葡萄落叶在 12 月。在肥水施用不当特别是氮肥施用过多的园地，因枝叶不能及时停止生长，往往不能及时落叶。田间的主要工作是促进枝、芽充分成熟，做好植株越冬前的准备工作。

一、土肥水管理

1. 土壤管理

继续进行深翻改土，11 月底前全部完成。

2. 水分管理

视土壤水分含量多少，适时灌水，特别是 11 月施基肥的葡萄园。

二、清 园

1. 病虫越冬场所

（1）**病害** 黑痘病、灰霉病、炭疽病、白腐病、褐斑病、白粉病等病原菌以菌丝或孢子、菌核主要潜伏在病蔓、病叶、残果中越冬；霜霉病的孢子还可在土壤中越冬。

（2）**虫害** 透翅蛾、虎天牛的幼虫在蛀入的枝蔓内越冬；金龟子以幼虫（或成虫）、天蛾以蛹在土壤内越冬；二星叶蝉以成虫、吸果夜蛾以幼虫在杂草、落叶中越冬；短须螨、瘿螨以成虫、粉蚧以卵、褐盔蜡蚧以二龄若虫在老蔓皮下，芽体鳞片或被害叶片、接近地面的根部越冬。

2. 防治措施

彻底清园，做好以下工作：

① 认真搞好冬季修剪。将虫蛀过的枝、病枝、残果修剪掉，并带出园外销毁。

② 认真清园。认真清扫落叶、残果、残枝，在园外销毁（图6-107）。

③ 喷铲除剂。3～5波美度石硫合剂，冬剪后地面、树体、架面喷洒1遍。

④ 全园冬翻。结合施基肥进行全园冬翻。将尚残存在地面的残叶、残枝、残果等翻入土中，可杀灭一部分越冬病菌，还可杀死一部分在土中、土表越冬的害虫。

⑤ 剥除老翘树皮（不能剥下的老皮不要硬剥）。剥除的老皮全部拿出园外销毁。

⑥ 主干刷白涂剂。剥除老翘树皮后，主干、老蔓涂白涂剂（结果母枝不涂），有一定杀菌治虫作用。

⑦ 刮除根瘤。发生根癌病的植株（图6-108），扒开根际土壤，用锋利的小刀将根瘤切除，直至露出无病的木质部，刮除的根瘤及残片要烧毁。刮治的部位需涂高浓度的石硫合剂，以保护伤口。对无法治疗的重病植株做挖掉处理，彻底收集残根，集中烧毁，并挖除旧土，换上新土，然后种上新的植株。

⑧ 认真检疫。根瘤蚜是国际、国内植物检疫对象。苗木、插条调运必须经过检疫。

⑨ 铲除路旁杂草。此项工作对杀灭杂草中越冬害虫有较好效果。

另外，还要制订全年工作计划，检查葡萄防寒情况，做好各种农机具的维修保养工作，堆积肥料等。

图 6-107　清园

图 6-108　发生根癌病的葡萄植株

三、整形修剪

1. 冬季修剪的时期

冬季修剪的时间应在葡萄正常落叶之后的 2～3 周内进行，这时 1 年生枝条中的有机养分已向植株多年生枝蔓和根系运转，不会造成养分的流失。在北方，由于秋天霜冻来得早，葡萄叶片等不到自然脱落便被冻坏而干枯脱落，故应及时修剪，以便抢在土壤结冻以前埋土防寒。

2. 冬季修剪量

留母枝数的多少与产量、品质及植株的生长有密切的关系。留母枝数过多、负载量大；枝蔓光照不良，营养不足，易引起落花落果，且果穗果粒变小，使产量与品质均下降，并导致枝条生长瘦弱，成熟不良；留母枝数过少，次年果枝少，亦影响产量。

冬季修剪时留枝数多少合适，可运用下列公式，将所得结果作为参考。

每亩留结果母枝数 = 计划每亩产量（kg）/每一母枝平均果枝数 × 每果枝平均果穗数 × 每果穗平均重量（kg）。

公式中的每一母枝平均果枝数，每一果枝平均果穗数及每穗平均重量 3 个数字，在生产中对每一品种经过 2～3 年调查即可得到。正常管理条件下，如气候无异常变化，这些数字基本上可以作为常数。以巨峰为例，已知每个母枝平均留 2 个结果枝，每一果枝平均果穗 1.6 个，每果穗平均重量为400g，每亩要求产量为1500kg，则每亩结果母枝数应有，每亩结果母枝数 = 1500 ÷ 2.0 × 1.6 × 0.4 = 1171.9（个）。

以上为每亩留结果母枝数，如亩栽葡萄100株，则每株应留结果母枝11.71个（约12个）。在修剪时考虑随株生长情况及果枝、果穗的损伤，再定15%的安全系数，这样每亩葡萄园结果母枝数为1347.7个，每株留13个左右。冬季修剪时，根据每年预定产量要求，再按植株生长情况留数，生长势中等的植株每株留11个结果母枝，强的适当多留，弱的少留。

3. 冬季修剪的方法

冬剪常用的方法有短剪、疏剪、缩剪3种。

（1）短剪 就是短截（图6-109），即把1年生枝条剪去一部分，其也有轻、中、重3种剪截方法。短剪可分为超短梢修剪（留1~2个芽）、短梢修剪（留3~4个芽）、中梢修剪（留5~7个芽）、长梢修剪（留8~12个芽）、超长梢修剪（留13个芽以上）。短剪要求：

① 应选留健壮、成熟度良好的1年生枝作结果母枝。剪口下枝条的粗度，一般应在0.6cm以上，细的短留，粗的长留。

② 剪口宜高出剪口下芽眼3~4cm，以防剪口风干影响芽眼萌发，而且剪口要平滑。

图6-109 短截

（2）疏剪 即从基部将枝蔓剪除。包括1年生枝和多年生蔓。主要是疏除过密枝、病虫枝。疏剪要求：

① 疏枝应从基部彻底剪掉，注意留残枝。但同时要注意伤口不要过大，以免影响留下枝条的生长。

② 不同年份的修剪伤口，尽量留在主枝的同一侧，避免造成对伤口，影响树体内养分和水分的运输。

（3）缩剪 是将二年以上的枝蔓剪截到分枝处或1年生枝处，主要是用来更新、调节树势和解决光照。缩剪要求：

① 多年生弱枝回缩修剪时，应在剪口下留强枝，起到更新复壮的作用。

② 多年生强枝回缩修剪时，可在剪口下留中庸枝，并适当疏去其留下部分的超强分枝，以均衡枝势，削弱营养生长，促进成花结果。

4. 整形

葡萄的枝蔓必须人为的整枝造型，依附于架材的支撑去占领空间。只有通过人工整枝造型，才能使枝蔓合理布满架面，充分利用生长空间，使其适应自然条件，增加光照，达到立体结果，以构成丰产稳产和优质的葡萄树形。

（1）无主干多主枝扇形整形

1）树形。植株无主干，从基部分生出具有3个以上主枝，每一主枝上又分生侧枝或直接着生结果枝组和结果母枝等结果单位，所有枝蔓在架面上呈扇形分布。此树干适于篱架和漏斗形棚架，在南北方均可采用。

2）整形过程。定植第一年，植株发出2~3个新梢，用以培养主枝。当主枝数尚未达到预定要求时，可采取下述方法弥补。

当新梢长出5~6片叶时进行摘心，促其萌发副梢，从中再选留顶部健壮副梢作主枝培养。

当年冬剪时、对枝蔓粗壮、成熟度好的长剪，对细弱枝进行重剪、留短梢，待次年春萌发后造留作主枝培养。

第二年春，如主枝数还不够，可从基部萌发的强壮新梢中选出作主枝精心培养。留作主枝培养的延长枝，将其上所有花序及早疏除，以免结果消耗过多养分，影响主枝延长枝的生长；不作主枝的新梢，疏除个别细弱枝，粗壮枝上可适量结果，以增加果园收益。夏剪时，主枝延长枝的摘心，应按整形的要求进行，篱架小扇形达到第2道铁丝、篱架大扇形达到第3道铁丝、漏斗形棚架达到2m左右长度时摘心，其余新梢长达50~60cm时正常摘心，并按夏剪要求进行副梢处理。冬剪时，主枝从充分成熟节位或已达整形高度处剪截，其余枝条视其空间大小剪截，空间较大处长剪留作侧枝，空间较小处进行中、短梢修剪留作结果母枝，没有空间就疏除。

第三年春，已选定的主、侧枝仍以扩大树冠为主，选好延长枝，其中已达整形高度的可留花结果，控制再扩展。对主枝数还不足的植株，应从基部选出强壮新梢继续培养主枝。其余新梢通过抹芽、定枝调节适宜的枝条密度后，按植株结果负载量要求选留花序结果。冬剪时，对主、侧枝正常剪截，选留好结果枝组的位置和密度，并注意抑强扶弱，调节各部位枝蔓的生长势，达到均衡树势、立体结果。至此，株形基本建立，植株已进入盛果期，整形工作已完成。

（2）篱架无主干水平形整形

1）树形。植株视篱架高度和株距的不同，可整成单臂单层水平形、双臂单层水平形、单臂双层水平形和双臂双层水平形。每层每臂均可从植株基部培养1个主枝，单臂的主枝均顺同一个方向沿铁丝水平延伸。双臂的主枝爬上铁丝后向两侧相反方向水平延伸，单层的主枝在离地第1道铁丝上水平引缚，双层的上层主枝在第3道或第4道铁丝上水平引缚。各主枝上直接着生结果枝组和结果母枝，果穗分别集中在1～2道、2～3道、3～4道铁丝之间，居同一水平线上，非常整齐壮观，整个篱架面从下至上明显形成通风带、结果带和光合带三层有序结构。成形后，主枝水平，每间隔25～30cm设1枝组，每个枝组上分布1～2个母枝，新梢直立或下垂（第4道铁丝上的新梢），组成篱壁式的树冠和叶幕层（图6-110）。

图6-110 篱架无主干水平形整形

2）整形过程。单臂单层水平形的整形过程为定植第一年选留1个强壮新梢作主枝培养，绑缚上架直立生长，冬剪留1.5m左右。如果株距小于1.5m，当年即可扇形。第二年出土上架时，将主枝顺向一个方向水平引缚于第1道铁丝，通过抹芽、定枝，在主枝上每间隔10～15cm保留1个结果新梢，其余新梢全部抹除。冬剪时，对主枝的延长枝视株间空间大小酌情剪留，一般情况下通过2年的培养，主枝在水平上均能达到株间相连，整形完成。对结果母枝留2～3个芽短截，过密枝贴根疏剪。第三年春，对水平蔓上的结果母枝，通过抹芽、定枝仍保留每10～15cm间隔1个新梢的密度。冬剪时，仍对成熟新梢行2～3个芽短截，选作新的结果母枝，与多年生蔓一并形成结果枝组。

① 双臂单层水平形的整形过程。该整形技术由单臂单层水平整枝发展而来，与单臂单层水平整形技术基本相同，只是定植当年需选留2个强壮新梢作主枝，第二年出土上架时，2个主枝在第1道铁丝上朝相反方向水平引缚。

② 单臂双层水平形的整形过程。定植第一年选留2个强壮新梢作主枝培养，第二年出土上架时，将生长势较强、剪留较长的1条主枝，水平引缚于臂架上部的第3道或第4道铁丝上，另一条稍短的主枝在第1道铁丝上水平引缚，且上下主枝均为同一方向。其他整形技术与单臂单层水平整形相同。但是，该树形适于高篱架，架高至少达2m以上。

③ 双臂双层水平形的整形过程。定植第一年选留2个强壮新梢，在

5~6片叶时摘心促发副梢，各选2个副梢作主枝培养，加强管理，尽量使副梢主枝生长良好。第二年将其中较强壮的2个主枝水平引缚篱架上层第3道或第4道铁丝上，较短的2个主枝水平引缚篱架下层第1道铁丝上，而且相互间方向相反。其他整形过程与单臂双层水平形整形相同。该树形适于架高2m以上的高篱架。

(3) 篱架有主干双臂水平形整形

1）树形。植株具有0.6~1.5m高的主干，在主干顶部分生2个主枝，呈双臂朝相反方向沿铁丝水平延伸，可分为单层单干双臂水平形和双层双干双臂水平形。主枝上直接着生结果枝组，枝组上着生结果母枝，母枝上分生新梢。低干植株的新梢向上引缚，高干植株的新梢任其自然下垂。

2）整形过程。

① 单层单干双臂水平形的整形过程。定植第一年选留1个强壮新梢作主干培养，当主干达到预定高度后立即摘心，保留前端2个强壮副梢作主枝培养，直立向上引缚，以加强生长势。冬剪时，在主枝直径约1cm的成熟节位处剪截。第二年春季，北方埋土地区葡萄枝蔓出土上架时，南方不防寒地区萌芽前，将2条主枝沿铁丝水平引缚，但方向相反。萌发后，在主枝前端各选1个强壮新梢，疏去花序，直立引缚，作主枝延长枝培养。其余新梢疏去过密弱梢，每间隔10~15cm留1个结果新梢，每梢保留1个花序结果。冬剪时，主枝延长枝已达到预定长度的，留够长度处剪截，不够长度的仍在径粗1cm左右的成熟。节位处剪截，其余结果母枝留2~3个芽短截。第三年春，主枝延长枝沿铁丝水平引缚，主枝长度不足时，仍需选留新的延长梢继续培养主枝，主枝上的其余新梢按10~15cm间距选留结果新梢，向上引缚，让其结果。冬剪时，主枝延长枝在预定长度处剪截，主枝上新的结果母枝留2~3个芽短截，老的结果母枝已构成结果枝组，将过密、过弱枝组疏除。至此，整形完成。

② 双层双干双臂水平形的整形过程。此树形是在单层单干双臂水平形的基础上发展而来，即在臂架面上增加1层树冠。定植第一年选留2个强壮新梢作主干培养，一矮一高。高干上培养2个主枝，在臂架上部铁丝水平引缚，方向相反，形成上层树冠；低干上培养2个主枝，在篱架下部第1道铁丝水平引缚，方向也相反，形成下层树冠。其整形过程与单层单干双臂水平形基本相同。适于高篱架，架高应在2m以上。

(4) 篱架有主干Y形整形

1）树形。此树形是对单层单干双臂水平形的改良和发展，植株具有80cm的主干，其顶部分生的2个主枝呈双臂朝相反方向沿第1道铁丝水平延伸，主枝上的新梢分别斜上引缚于Y形架的两侧铁丝上，使植株从水平主枝以上分别出现斜向向上的两壁叶幕。南北方均适用（图6-111）。

2）优点。与上述所有篱架树形相比，该树形最大的特点在于增加一壁叶幕，而且两壁叶幕向上开口，大大增强了通风和光照性，果穗于叶幕之下，不易发生日灼病，为优质丰产提供可靠的保证。

3）整形过程。与单层单干双臂水平形整形过程基本相同，只是主枝上的新梢密度可适当加大，增加量约为30%，将新梢相间排列在Y形架面的两壁。

（5）棚架龙干形整形

1）树形。主枝从植株基部分生，从立架面到棚架面直线延伸，主枝与主枝在棚架上间隔同等距离（一般为50~60cm），呈平行排列，形似"龙干"，主枝上均匀有序的分布着结果枝组和结果母枝，形似"龙爪"（图6-112）。南北方均适用。

图6-111 篱架有主干Y形

图6-112 棚架龙干形

2）双龙干形的整形过程。定植第一年选留2个生长势相近的新梢作主枝培养，如果苗木只抽生1个新梢，则待该新梢生长5~6片叶时摘心促发副梢，选留2个作主枝培养。夏剪时，主枝不留副梢，让新梢直线延伸，北方地区8月中、下旬对主枝摘心，促进新梢成熟。冬剪时，根据主枝粗度和成熟度剪截，一般剪口下要求枝粗达到1cm以上，不得小于0.8cm，剪留长度不超过1.5m，以防因剪留过长，中、下部出现光秃。若主枝粗度在0.8cm以下，应留3~5芽平剪，次年重新培养主枝。

第二年春，在主枝先端选留粗壮新梢作主枝延长枝，前端0.5m范围内的结果新梢上的花序要全部疏除，以促进延长枝的生长，尽快占领棚架空间。冬剪时，延长枝根据枝粗和成熟度进行剪截，一般剪口直径在1cm以上，剪留长度控制在2m左右，其余枝条留2~3个芽剪截，作结果母枝。

第三年春，在主枝先端继续选留强壮新梢作主枝延长枝，其余新梢按每米主枝上分布7~8个为限，多余的及早抹除。延长枝爬满架后，随时摘心控制延伸。冬剪时，延长枝剪到成熟节位；结果母枝留1~3个芽短截、并按20~25cm的间距选留结果枝组，多余的疏除。至此，基本完成整形，植株进入盛果期。

5. 冬季修剪步骤及注意事项

（1）修剪步骤 葡萄冬季修剪步骤可用四字诀概括为：一看、二疏、三截、四查。具体表现为：

① 看。即修剪前的调查分析。要看品种，看树形，看架式，看树势，看与邻株之间的关系，以便初步确定植株的负载能力，以大体确定修剪量的标准。

② 疏。指疏去病虫枝、细弱枝、枯枝、过密枝、需局部更新的衰弱主、侧枝以及无利用价值的萌蘖枝。

③ 截。根据修剪量标准，确定母枝的保留量，对1年生枝进行短截。

④ 查。经修剪后，检查一下是否有漏剪、错剪，因而叫作复查补剪。

总之，看是前提，做到心中有数，防止无目的的动手就剪。疏是纲领，应根据看的结果疏出个轮廓。截是加工，决定每个枝条的留芽量。查是查错补漏，是结尾工作。

（2）修剪注意事项

1）要注意鉴别结果母枝的枝质和芽眼的优劣。凡枝条粗而圆，髓部小，节间短，节位凸起，枝色呈现品种固有颜色，芽眼饱满，无病虫害的为优质枝，芽眼圆而饱满，鳞片包紧为优质芽。

2）要防止剪口芽风干和冻伤。葡萄枝蔓的组织疏松，水分易蒸发，故结果母枝剪截时，要保留距芽眼有3~4cm的距离，最好在节口剪。对于多年主枝，疏剪、回缩剪时要留长约1cm的残枝。

3）要正确掌握预备枝上剪口芽的方向。预备枝的剪口芽应朝内，使营养物质易于沿着枝蔓顺势输送，有利于以后新梢萌发生长。

4）要合理处理三杈枝。凡在主、侧枝分歧点，由隐芽抽生的新梢构成三杈枝，必须剪去1枝。

5）注意徒长枝的利用。主要用于更替因机械损伤和衰老的枝蔓。

四、越冬防寒

1. 防寒时间

葡萄的埋土防寒时间，总的要求是在园地土壤冻结前适时晚埋。因为埋土过早,一方面葡萄植株没有得到充分抗寒锻炼,在土层保护下会降低葡萄植株的越冬抗低温能力,冬季深度寒冷时葡萄植株容易遭受冻害;另一方面,当土层内温度较高时,微生物(特别是霉菌)还处于活跃时期,附着在葡萄枝蔓上的霉菌在土壤中遇到较合适的温、湿度条件,就要大量滋生,损伤枝芽。埋土也不宜过晚,当气温较低时,葡萄根系在埋土覆盖前就有可能受冻,而且土壤一旦结冻,埋土困难,冻土块之间易产生较大空隙,防寒土堆易透风,枝芽和根系仍然易受冻害。适时晚埋,就是在气温已经下降接近0℃,土壤尚未结冻以前埋土。为了避免埋土过早或过晚产生的不利影响,一般可分2次埋土防寒,第1次在枝蔓上覆有机物,再在有机物上覆1层薄土;第2次在园地土壤夜间开始结冻时,趁白天土壤解冻后立即埋土至防寒土堆所要求的宽度和厚度。

2. 埋土技术

1)地上埋土防寒法。葡萄芽眼的抗寒力要比根系强得多,如欧亚种芽眼可比根系能多忍受-12℃左右,美洲品种的芽眼要比根能多忍受-15℃左右。在冬剪后,将根部周围垫上枕土(图6-113),一是为了防止将蔓压倒时断裂,二是增加根部防寒作用。所以将压倒的枝蔓捆成捆,一株挨一株地顺放在根部(图6-114,图6-115),用秸秆或树叶覆盖5~10cm厚,再从距根干1.5m之外取土埋严,其覆土厚度要按当地冬季冻土中-4℃位置距地表间的厚度,即埋土防寒覆土的厚度。地表下-4℃距地表越厚,葡萄冬季防寒埋土就越厚。这种防寒方法安全可靠,一般在北方埋土防寒地区普遍采用。如采用抗寒砧苗时,要减少覆土厚度1/3左右。实际生产中采用人工和机械埋土防寒(图6-116~图6-118)。

图6-113 根部周围垫枕土

图6-114 葡萄下架

图6-115 下架后葡萄枝蔓

图6-116 人工埋土防寒

图6-117 机械埋土防寒

图6-118 埋土防寒后的葡萄园

2）地下埋土防寒法。地下埋土防寒法，主要应用于棚架树龄较大的葡萄园，因树龄大，主枝较硬，难以将其捆绑在一起埋土防寒。方法是就地沿主枝生长的方向，挖深30~50cm、宽50cm的沟，将枝蔓捆好放在沟中，其上覆10cm左右厚的秸秆或树叶，再埋土防寒。其枝蔓埋土的厚度较薄，欧亚种芽眼对寒冷的忍耐度为－17~－16℃，所以，在地表距－16℃的厚度，就是枝蔓覆土厚度。但在根系上部覆土，要按葡萄种类根系抗寒能力，决定覆土厚度，其覆土厚度测定方法同前。

3）料膜防寒法。近年黑龙江省有的葡萄园试用塑料膜防寒，效果良好。做法是：先在枝蔓上盖40cm厚的麦秆或稻草，其上再盖塑料薄膜，周围用土埋严（图6-119）。但要特别注意不能碰破薄膜，以免因冷空气透入而造成冻害。

图6-119　稻草加塑料薄膜防寒后葡萄

附　录

附录 A　东北地区葡萄园作业历（辽宁兴城）

时　期	物候期	主要作业
1~3月	休眠期	1. 制订全年工作计划和承包合同 2. 人员技术培训 3. 维修药械、工具 4. 购置农药、工具和用品 5. 积肥、运肥 6. 检查种苗储藏情况 7. 加强保护地管理 8. 第1次撤掉防寒土
4月上、中旬	树液开始流动期	1. 熬制石硫合剂 2. 整修道路及渠道 3. 剪截种条准备催根 4. 埋正支柱、紧铁丝 5. 第2次撤防寒土 6. 苗圃整地、施肥、做垄 7. 温窖管理
4月下旬~5月上旬	萌芽期	1. 山桃开花时葡萄出土、上架、绑蔓 2. 扒老翘皮后喷铲除药剂，在冬芽鳞片开裂、膨大前喷3~5波美度石硫合剂 3. 追施催芽肥和灌水 4. 第1次抹芽，当冬芽已长到黄豆粒大时，留大面积的主芽，其余无用芽抹掉 5. 地膜覆盖育苗 6. 在树根部覆膜增温催芽 7. 新园定植及间作

（续）

时 期	物 候 期	主要作业
5月中下旬	新梢生长期	1. 第2次抹芽，将过密、过小芽抹掉 2. 新梢长20cm左右看出花序时第1次定枝，将位置不正及无花序枝抹掉，优良品种要选留绿枝接穗 3. 追施催条肥，氮、磷、钾复合肥 4. 花前喷药防病，一般喷波尔多液1:0.5:200倍液，或多菌灵800倍液，或喷克600倍液 5. 育苗地开始绿枝嫁接 6. 疏花序，粗壮枝留1~2个花序，中庸枝留1穗，弱枝不留 7. 加强保护地管理 8. 新梢及时引绑
6月	开花期及果实生长期	1. 花前7~10天追开花肥（复合肥）、灌催花水，喷0.2%硼砂溶液，以提高坐果率 2. 花后及时喷药防病，重点防治黑痘病、白腐病 3. 花期停止灌水，注意降雨，及时排水 4. 继续绿枝嫁接育苗 5. 新梢及时引缚 6. 新梢及时摘心和副梢处理 7. 落花后10天，追催果肥及灌水 8. 疏果粒，在自然落果后，将过密、过小及畸形粒疏掉
7月	果实生长期及新梢生长期	1. 整修果穗，大果穗品种要将副穗和其上部1~2个支穗疏掉，并将1/4穗尖剪去 2. 防治黑痘病、白腐病、霜霉病要及时对症施药。喷多菌灵、福美双或乙磷铝500倍液 3. 加强苗圃管理，重点除萌蘖和防病 4. 新梢摘心后顶部的1~2个副梢留5~6片叶子摘心，第二、三次副梢及中部副梢留1片叶子摘心，并抠除副梢的腋芽 5. 第2次疏果粒标准，平均果粒重11g以上的品种，每穗留35~40粒；果粒重8~10g的品种，每穗留41~45粒；粒重在6~7g的品种，每穗留46~50粒 6. 调叶幕光照 7. 及时中耕除草

(续)

时　期	物　候　期	主　要　作　业
8月	早熟品种果实着色成熟期	1. 加强病虫害防治，主要防治黑痘病、霜霉病和白腐病 2. 副梢摘心及调节架面叶幕，使其通风、透光 3. 苗木摘心，喷0.3%磷酸二氢钾和引枝 4. 早熟品种采收上市 5. 间作管理 6. 剪除病果、病枝，深埋或集中烧毁 7. 结合喷药喷施0.3%磷酸二氢钾和钙、镁、锰、锌微肥，促进果实着色，枝条木质化
9月	中熟品种果实着色成熟期	1. 中晚品种采收上市，注意包装、运输外销 2. 调节叶幕层，将遮光老叶及新梢、副梢回缩 3. 注意防治病虫，喷施多菌灵800倍液或波尔多液1∶0.5∶200倍液 4. 储藏窖消毒灭菌 5. 采收完的品种，秋施基肥 6. 准备起苗，拴好品种名牌，防止混杂
10月	晚熟品种采收及冬剪	1. 晚熟品种采收及开始施基肥 2. 新建园挖定植沟，每亩混入农家肥5000kg回填及灌水 3. 冬季修剪，优良品种及砧木采种条，拴好名牌防混乱 4. 清扫园地，对枯枝、病叶烧掉或深埋 5. 苗木除杂拴牌起苗 6. 开始冬剪，剪后下架顺行一株压一株捆好 7. 主枝基部垫好枕土，以免埋土时压断苗木 8. 苗木入窖储藏 9. 种条用沙土埋藏
11月	防寒期	1. 灌防冻水，埋土防寒 2. 防寒沟灌防冻水 3. 加强管理果窖 4. 查点农药，检修药械、农具
12月	休眠期	1. 全年工作总结 2. 购买农药、工具 3. 积肥运粪 4. 加强果窖管理

附录 B　华北地区葡萄园作业历（北京）

时　期	物　候　期	主　要　作　业
1~3月上、中旬	休眠期	1. 制订全年工作计划和承包合同 2. 人员技术培训 3. 准备农药、工具 4. 检修药械、农具 5. 埋正支柱、紧铁丝等 6. 熬制石硫合剂 7. 加强果园及温室管理 8. 第1次撤除部分防寒土
3月下旬~4月中旬	树液开始流动期	1. 第2次撤除防寒土 2. 山桃初花期撤除防寒枯秆 3. 扒老翘皮 4. 覆膜增温保湿 5. 上架绑蔓 6. 施肥（农肥+尿素）后灌水 7. 育苗整地，施肥、做畦或做垄 8. 加强果园窖及温室管理
4月中、下旬	萌芽期	1. 在冬芽开裂膨大前喷3~5波美度的石硫合剂，铲除越冬病虫害，如黑痘病、白腐病、白粉病和红蜘蛛、锈壁虱、粉蚧等病虫害 2. 灌水后适时中耕除草 3. 第1次当芽长到黄豆粒大时，留中间大而扁的主芽，其余芽抹掉 4. 在芽长出10cm，可看出花序时，进行第2次抹芽与第1次定枝，并抹主枝基都的萌蘖芽和结果母枝基部无用的芽 5. 苗圃地扦插、播种育苗
5月上、中旬	新梢生长期	1. 新梢长20cm左右第2次定枝，在结果母枝上选留好结果柱和预备枝，其余无用枝疏去，优良品种留绿枝接穗 2. 采集优良品种绿枝接穗开始嫁接育苗 3. 预防黑痘病，花前喷1次波尔多液1∶0.5∶200倍液，或多菌灵800倍液

(续)

时　期	物候期	主要作业
5月上、中旬	新梢生长期	4. 开花前7~10天追催花肥、灌水及喷0.2%硼酸以提高坐果率 5. 新梢要注意引缚 6. 加强保护地管理
5月下旬	开花期及新梢生长期	1. 对易落花落果品种（如巨峰、玫瑰香等），要在开花前4~5天摘心，花序上留5~6片叶子摘去嫩尖 2. 对坐果率高的品种（如藤稔、京秀等），要在初花期于花序上留5~7片叶子摘心 3. 新梢顶端1~2个副梢再留5~6片叶子摘心 4. 花序下的副梢要尽早抹掉，新梢中部的副梢留1片叶子摘心，第2次副梢再留1片叶子摘心，并抠除副梢腋芽，防止其再生 5. 粗壮结果枝留1~2个花序，中庸枝留1个花序，弱枝疏掉花序变成营养枝 6. 温室果实采收
6月	新梢生长期及果实膨大期	1. 花后7天（果实膨大期），追施复合肥或人粪尿，并及时灌水 2. 花后及时喷药，防治黑痘病、白腐病、褐斑病，交替使用退菌特和波尔多液 3. 采用绿枝劈接法，繁殖优良品种 4. 疏果粒，将过密、过小、过大、畸形果粒疏掉 5. 修整果穗，大穗将上部2~3个支穗和1/4穗尖剪掉 6. 新梢引绑 7. 花后防治黑痘病、白腐病和灰霉病 8. 花期停止灌水，注意降雨，及时排水
7月	浆果膨大期及早熟品种成熟期	1. 以防病为中心，每隔10~15天用2种以上农药交替喷洒，效果好 2. 加强夏季修剪，对发育枝、预备枝进行摘心，副梢也要及时摘心 3. 加强苗木管理 4. 注意及时灌水与排水，要求沟渠排灌通畅 5. 结合喷药加入0.2%的钙、镁、锌微肥 6. 早熟品种采收上市

（续）

时　期	物　候　期	主　要　作　业
8月	早熟品种成熟及新梢生长期	1. 结合喷药加入0.3%磷酸二氢钾，每隔10天喷1次，共喷3~4次 2. 早中熟品种适时采收上市销售 3. 晚熟品种调节叶幕层光照，促进果实着色增糖 4. 注意防治病虫害，保护叶片 5. 采收及包装物备齐 6. 储藏窖消毒杀菌 7. 及时中耕除草 8. 加强苗圃地管理
9月	中熟品种果实着色及成熟期	1. 注意改善架面通风、透光条件 2. 喷施0.3%磷酸二氢钾4~5次 3. 中晚熟品种适时采收上市 4. 保护叶片注意喷药，促使枝蔓充分成熟和花芽分化良好 5. 采收完的品种秋施农家肥 6. 准备起苗，拴好品种名牌，防止混杂
10月	晚熟品种果实成熟期及冬剪	1. 晚熟品种大量采收、外运与储藏 2. 秋施基肥，每株施100kg农家肥和混少量磷酸钙、硫酸钾 3. 秋施基肥后，灌足防冻水 4. 苗木起运、包装、储藏、销售 5. 冬季修剪，采种条挂好名牌 6. 清扫枯枝、病叶，并集中烧掉 7. 葡萄主枝基部垫好枕土，防止埋土压断苗木 8. 葡萄下架顺蔓捆好，覆盖防寒秸秆或麦草等物
11月	秋施肥及防寒期	1. 灌防冻水，集中力量埋土防寒。第1次注意埋土要均匀，无大土块防止透风，第2次按当地地表下-5℃的冻土厚度就是防寒土厚度，按当地冻土深度的1.8倍为防寒土的宽度，按要求进行埋土防寒 2. 苗木及种条注意拴好名牌，开沟用沙土或河沙埋藏越冬
12月	休眠期	1. 全年工作总结 2. 检修药械、农具 3. 清理查点农药、化肥

附录C 华中地区葡萄园作业历（一）（河南郑州）

时　期	物候期	主要作业
1~2月	休眠期	1. 制订全年工作计划和承包合同 2. 购置生产资料 3. 冬季修剪与种条采集 4. 清扫园地，烧毁枯枝、病叶 5. 整修架材 6. 土壤干旱时灌水 7. 保护地育苗管理 8. 刮除老翘皮，烧毁 9. 人员技术培训 10. 熬制石硫合剂
3月	休眠期	1. 新建园定植或补植苗木 2. 露地育苗催根处理 3. 育苗地施肥整地，做垄或做畦 4. 育苗地喷除草剂、覆膜；扦插及插后灌水 5. 枝蔓上架引缚 6. 喷铲除药剂，在萌芽前期喷3~5波美度石硫合剂，防治病虫效果好 7. 追催芽肥及灌芽水 8. 硬枝嫁接及高接换种
4~5月上旬	萌芽期及新梢生长期	1. 露地育苗扦插及管理 2. 注意防治黑痘病、灰霉病和瘿螨 3. 第1次抹芽，当芽长到黄豆粒大时，留大而扁的中间芽，其余的副芽、瘪芽、无用芽抹掉 4. 当新梢长出20cm左右长时，定枝和疏掉过多的花序 5. 花前3~5天于花序上留5~7片叶子摘心 6. 当新梢长出30cm左右时，要及时引缚 7. 花前7~10天追肥、灌水和叶面喷0.2%硼砂溶液 8. 花前5~7天对黑痘病、炭疽病、霜霉病和短须叶螨等病虫害进行防治喷药

（续）

时期	物候期	主要作业
5月下旬～ 6月上旬	开花期及 新梢生长期	1. 新梢引缚 2. 花前7～10天灌水与喷药 3. 在结果母枝上遗留好位置，粗壮的结果枝和预备枝，对其余无用枝剪掉 4. 疏花序，对粗壮的结果枝留1～2个花序，中庸枝留1个花序，营养枝一般不留花序 5. 第1次疏果粒，将过小、过密的畸形粒疏掉 6. 花后及时喷药，主要防治黑痘病、白腐病和灰霉病 7. 加强苗圃地管理 8. 压蔓补枝和压条育苗 9. 对花序下副梢尽早抹掉，有利坐果 10. 除掉卷须，绿枝嫁接繁殖优良品种苗
6月中旬～ 7月中旬	果粒生长期及 新梢生长期	1. 果穗修整，对大果穗、大果粒的品种，要将副穗和上部1～2个支穗疏掉，并截去1/4穗尖 2. 疏果粒，对粒重10g以上品种，每穗留40粒左右；对粒重8～9g的品种，每穗留41～45粒；粒重在6～7g的品种，每穗留46～50粒 3. 处理副梢，主梢摘心后顶端1～2个副梢，该副梢留5～6片叶子摘心，新梢中部的副梢一律留1片叶子摘心，并抠除副梢的腋芽，防止其再生 4. 黑痘病、白腐病、霜霉病、炭疽病和红蜘蛛的防治，要对症施药，及时防治
7月下旬～ 8月上旬	果实着色 与成熟期	1. 早中熟品种采收销售 2. 注意调整叶幕结构，使其通风透光 3. 加强苗圃地管理 4. 对炭疽病、白腐病、霜霉病等及时喷药防治 5. 在7～8月每隔10～15天结合喷药，加0.3%磷酸二氢钾及钙、镁、锰、锌微肥，促进果实成熟和枝条木质化 6. 注意灌水和排水，要保持土壤水分相对稳定 7. 及时中耕与除草
8月中、下旬～ 9月上旬	果实成熟期	1. 成熟品种及时采收销售 2. 采收后施基肥及灌水 3. 注意防治病虫害，重点是防治霜霉病

(续)

时　期	物候期	主要作业
8月中、下旬～9月上旬	果实成熟期	4. 加强苗圃后期管理 5. 做好采收各项准备工作 6. 储藏窖消毒杀菌
9月中旬～10月	果实采收期	1. 果实成熟及时采收与销售 2. 苗木拴牌准备出圃 3. 准备基肥 4. 苗木出圃分级储藏与销售 5. 彻底清扫果园，将枯枝病叶烧掉或深埋 6. 新园秋栽 7. 施基配，以农家肥为主
11～12月	冬剪及防寒期	1. 冬剪和采集种条 2. 储藏窖管理 3. 种苗、种条储藏管理 4. 秋施基肥 5. 灌足封冻水 6. 清扫园地 7. 园地深耕施肥

附录D　华中地区葡萄园作业历（二）（湖南长沙）

时　期	物候期	主要工作
1月	休眠期	1. 修整支架，整形修剪，绑蔓 2. 客土、培土、改良土壤 3. 剥树皮、清园、消灭病虫源，用5波美度石硫合剂+0.2%～0.3%洗衣粉 4. 管理幼年园的绿肥作物 5. 新建园定植苗木
2月	休眠期	1. 伤流前完成整形修剪和硬枝嫁接 2. 完成扦插、压条等工作 3. 继续修整支架，清理排水沟等 4. 清园除草，消灭病原，喷药（同1月）

(续)

时　期	物候期	主要工作
3月	萌芽期	1. 硬枝扦插育苗、压条等 2. 中耕除草，间种作物 3. 施催芽肥 4. 定植苗木结束 5. 消灭越冬病虫，可用5波美度石硫合剂，或50%多菌灵800～1000倍液 6. 清沟排水
4月	展叶、现蕾	1. 抹芽 2. 果穗整形、疏穗、疏副穗、掐穗尖、引缚新梢 3. 施催芽肥，叶面施肥 4. 翻压冬季绿肥 5. 防治病虫，用70%代森锰锌400～600倍液，或75%百菌清600倍液，或0.2%的硼砂或硼酸溶液，花前喷2次
5月	开花坐果、新梢生长	1. 摘心、定梢、引缚新梢、去卷须 2. 绿枝嫁接、高接换种 3. 施稳果肥，并叶面施肥 4. 中耕除草，及时排水 5. 防治病虫，用50%多菌灵800倍液，或甲基托布津800倍液+25%速克灵1500～2000倍液+乐果1500倍液 6. 保花保果
6月	果实生长	1. 处理副梢，引得枝蔓 2. 疏果，果实套袋（喷药后进行套袋） 3. 施壮果肥，叶面施肥 4. 中耕除草，刈草，树盘覆盖 5. 防治病虫，50%退菌特400～600倍液，或百菌清、多菌灵交替使用，或"402" 1500倍液。40%氧化乐果500倍液可杀灭粉蚧、红蜘蛛；波尔多液对白腐病无防治效果 6. 及时排水 7. 绿苗带土移栽

（续）

时期	物候期	主要工作
7月	果实生长着色期	1. 中耕除草，地面覆草 2. 施着色肥，叶面施肥 3. 管理新梢，引缚枝蔓，及时去卷须 4. 摘袋，摘叶转果，铺反光膜，促进着色 5. 防治病虫，80%代森锌400~600倍液，或等量式波尔多液，或25%甲霜灵400~600倍液，或乙磷铝200~300倍液，及时摘除透翅蛾幼虫蛀食的嫩梢 6. 早熟品种采收 7. 及时抗旱
8月	果实成熟采收期	1. 枝蔓管理 2. 分期分批采收，包装 3. 早熟品种施基肥，叶面施肥 4. 灌水抗旱，灌水后中耕保水，地面覆盖 5. 防治病虫，喷波尔多液1∶1∶200倍液+氧化乐果1000倍液，或喷赛欧散800倍液，或苯菌灵1000倍液，或克博600倍液，或杀毒矾700倍液，或25%粉锈宁1000倍液等
9月	晚熟品种果实成熟，采后营养积累、花芽分化	1. 中熟品种施基肥，叶面施肥 2. 中耕除草，灌水抗旱，播种冬季绿肥 3. 晚熟品种采前15天适当灌水 4. 管理枝蔓，绑蔓，去卷须等 5. 防治病虫，用波尔多液1∶2∶280倍液喷植株，或乙磷铝300倍液，或0.2~0.3波美度石硫合剂+硫酸铜200倍液，或绿得保600倍液，或25%甲霜灵400~600倍液 6. 及时抹除因施肥而萌发的副梢 7. 适当控水，有利于枝蔓成熟，促进花芽分化 8. 晚熟品种与二次果成熟，分期分批采收
10月	营养积累、花芽分化	1. 土壤翻耕，翻耕整平土壤之后，播种冬季绿肥 2. 晚熟品种未施基肥的施基肥，结合叶面施肥 3. 施基肥之后灌水，促进肥料分解 4. 晚熟欧亚种品种采收 5. 防治病虫，可用波尔多液1∶1∶160倍液，或铜高尚400倍液，或绿得保400倍液或300倍乙磷铝+氧化乐果1000倍液或克博600倍液，或喷克500倍液或5波美度石硫合剂+硫酸铜200倍液

（续）

时期	物候期	主要工作
11月	根系生长及落叶期	1. 继续完成土壤翻耕，种冬季绿肥 2. 培土和客土 3. 未施基肥的，完成施基肥工作 4. 视土壤水分含量多少，适时灌水，特别是施基肥的葡萄园注意施肥后灌水 5. 清园，清除落叶、病枝、枯枝，并集中烧毁 6. 抓紧新建葡萄园建设的各项工作
12月	休眠期	1. 加强对绿肥的管理 2. 冬季整形修剪 3. 清园、喷药，用福美砷500倍液，或退菌特500倍液，或5波美度石硫合剂+0.3%的洗衣粉 4. 抓紧新建葡萄园的建设等各项工作

附录E 西北地区葡萄园作业历（甘肃兰州）

时期	物候期	主要作业
1~3月	休眠期	1. 制订新的年度管理计划 2. 人员技术培训 3. 购买化肥、农药、工具 4. 熬制石硫合剂 5. 温室管理 6. 果窖管理 7. 田间防寒检查
4月	休眠期	1. 整修田间渠道 2. 撤除防寒土（分2次撤完） 3. 扶正水泥柱和拉紧铁丝 4. 引蔓上架 5. 在芽萌动而未发芽前，喷布3~5波美度石硫合剂 6. 温室管理 7. 种条剪截、催根

(续)

时期	物候期	主要作业
5月	萌芽期	1. 新区苗木定植 2. 老园追施催芽肥、灌催芽水 3. 抹芽及除根部萌蘖 4. 按间距定枝，多余者疏掉 5. 按负载量每亩定产1500~2000kg留花序，多余者疏掉 6. 结果枝在花序上留5~7个叶片摘心 7. 喷波尔多液防治黑痘病 8. 温室管理 9. 育苗地整地、覆膜、扦插及灌水
6月	开花期及 新梢生长期	1. 开花前7~10天喷布0.2%硼酸溶液 2. 疏花穗、疏果粒 3. 花期不灌水，做好排水工作 4. 及早抹掉花序下副梢 5. 结果枝摘心后的副梢留1片叶子反复摘心 6. 喷杀菌剂防黑痘病 7. 温室葡萄成熟采收 8. 苗圃地管理（除萌、引缚、防病虫）
7月	果实膨大期及 新梢生长期	1. 继续疏穗、疏粒 2. 追施催果肥和灌催果膨大水，以叶面喷施磷、钾肥为主，混加钙、镁、锰、锌等微肥 3. 加强夏季修剪，调节叶幕光照 4. 注意防治黑痘病、白腐病 5. 苗圃地管理 6. 早熟品种采收
8月	果实着色 及成熟期	1. 早熟品种采收上市 2. 防治白腐病、霜霉病、黑痘病、炭疽病和葡萄虎蛾 3. 调节叶幕光照 4. 结合防病加入0.3%磷酸二氢钾叶面喷施，共3~4次
9月	果实着色 及成熟期	1. 晚熟品种采收 2. 准备起苗 3. 采收后，树施基肥 4. 果窖消毒杀菌 5. 新建园挖定植沟（深、宽各1m） 6. 冬剪开始注意选留种条 7. 清扫枯枝、病叶，并集中烧毁

(续)

时 期	物候期	主 要 作 业
10月	施肥期及冬剪期	1. 继续施基肥 2. 灌水 3. 准备防寒物质、机械 4. 葡萄入窖管理 5. 起苗假植 6. 苗木拴牌,越冬储藏 7. 品种枝条采集储藏 8. 灌防冻水
11月	防寒期	1. 垫枕土防止埋土压断苗木 2. 开始埋土防寒,土壤湿度大时要分2次埋土 3. 取土位置要求距树根1m之外,以防根部冻害 4. 防寒土厚度在40cm以上,宽度为1.5~1.8m;防寒土宽度是当地冻土厚度的1.8倍,防寒土的厚度是当地的地表到-5℃土层温度的土层厚度 5. 葡萄苗木及种条储藏
12月	冬季休眠期	1. 年度工作总结 2. 加强果窖管理 3. 农机具、药械检修 4. 清点农药、化肥

附录F 华东地区葡萄园作业历(上海)

月 份	物 候 期	主 要 工 作
1月	休眠期	1. 制订全年工作计划 2. 结束冬季修剪 3. 各种机具维修 4. 整理支架,调换架面锈烂铁丝 5. 遇到冬旱及时灌溉
2月	休眠期	1. 继续上月末完成的工作 2. 枝蔓引缚 3. 熬制石硫合剂 4. 春植葡萄

(续)

月　份	物候期	主要工作
3月	树液流动期至萌芽期	1. 发芽前喷布3~5波美度石硫合剂 2. 就地改接换种 3. 施追肥
4月	萌芽展叶期	1. 抹芽定梢 2. 第1次喷波尔多液 3. 中耕除草，越冬绿肥作物翻耕埋青 4. 检查病害及葡萄红蜘蛛 5. 部分品种绑梢 6. 整理排水沟 7. 播种行间覆盖作物
5月	新梢生长期至开花期	1. 新梢摘心，继续绑扎 2. 除副梢，花穗处理，除卷须，进行多次结果处理 3. 第2次喷波尔多液并根外追肥，施磷、钾肥及微量硼肥 4. 中耕除草 5. 检查葡萄透翅蛾及葡萄红蜘蛛
6月	幼果生长期	1. 控枝副梢，结合第3次喷布波尔多液 2. 根外追施磷、钾肥 3. 中耕除草 4. 谢花后追施氮肥 5. 天旱时灌水
7月	硬核期至果实着色期	1. 按病虫防治计划喷药 2. 剪除病果 3. 天旱耐灌水 4. 行间覆盖作物就地埋青或刈割集中覆盖 5. 清耕地继续中耕除草 6. 做好早熟、中熟品种的采收准备
8月	果实着色期至果实成熟期	1. 早熟、中熟品种采收 2. 晚熟品种继续喷药保果 3. 剪副梢 4. 防除鸟害 5. 中耕锄草
9月	果实成熟期	1. 中、晚熟、晚熟葡萄采收 2. 中耕除草 3. 采收后喷药防治霜霉病、白粉病

(续)

月　份	物　候　期	主　要　工　作
10月	枝蔓成熟期	1. 中熟品种二次果采收 2. 检查病虫枝 3. 中耕除草,播种黄花苜蓿 4. 结束采收,准备基肥,做好秋季定植准备
11月	落叶期	1. 清洁田园 2. 深耕施基肥,播种蚕豆 3. 秋季新辟葡萄园地定植 4. 做好冬季修剪准备(包括插条砂藏准备)
12月	休眠期	1. 冬季修剪,整理插条沙藏 2. 继续施基肥 3. 架面铁丝涂水柏油

附录G　华南地区葡萄园作业历（福建福州）

时　间	物　候　期	主　要　工　作
1月	休眠期	1. 整形修剪 2. 清园,剥除老树皮
2月	休眠期	1. 修整排灌系统 2. 防治病虫,喷5波美度石硫合剂,或40%福美砷可湿性粉剂200倍,或50%退菌特500倍液
3月	萌芽期	1. 施芽前肥,施尿素0.2~0.3kg/株 2. 抹芽定梢 3. 绑蔓和去卷须
4月	抽梢、早熟品种开花	1. 施花前肥,施复合肥0.5~1kg/株 2. 摘心,结果蔓在开花前1周,在花序之上留4~6片叶,营养蔓留8~10片叶摘心 3. 疏花序,掐穗尖、去副梢 4. 防治病虫,4月上旬可喷50%百菌清500倍液,或25%多菌灵500倍液,4月下旬以后改用65%代森锌可湿性粉剂500~600倍溶液,或1:0.7:200倍波尔多液喷布

（续）

时间	物候期	主要工作
5月	开花、果实发育	1. 保果，无核葡萄用50~100mg/L的赤霉素于盛花后1周蘸果，能增加产量。巨峰系列用25mg/L的赤霉素在盛花末期浸花穗，隔10天再重复1次，保果效果明显 2. 疏果 3. 防治病虫 1）防治黑痘病 2）透翅蛾的幼虫开始孵化时，用90%敌百虫800~1000倍液喷布，摘除透翅蛾为害的新梢
6月	果实发育	1. 施壮果肥，每株施入复合肥1kg，或人畜粪尿15~20kg，过磷酸钙0.5kg，硫酸钾0.5kg 2. 根外追肥，结合防病时喷施 3. 在疏果、喷药之后进行果实套袋 4. 防治病虫 1）喷40%乙磷铝可湿性粉剂200~300倍液，或25%瑞毒霉可湿性粉剂1000~1500倍液，防霜霉病等 2）每隔15天喷1次0.5:0.25:100的波尔多液，防治炭疽病、黑痘病等 3）若发现根颈和枝蔓上有肿瘤，及时刮除，并涂抹100单位/L链霉素，或硫酸铜100倍液 4）继续摘除被透翅蛾为害的嫩梢，并集中烧毁
7月	果实成熟期	1. 采收 2. 分级 3. 装箱
8月	花芽分化期	1. 施基肥，每株施入人畜粪水25kg，或复合肥1kg，并进行根外追肥，分别喷布0.3%尿素液和0.3%硫酸镁溶液，施肥后灌水 2. 防治病虫 1）当葡萄天蛾幼虫发生量多时，喷布90%敌百虫800倍液，或80%敌敌畏乳油1000倍液 2）若发现有葡萄虎天牛为害，可用铁丝钩杀，或用注射器注入80%敌敌畏乳油1000倍液毒杀。成虫陆续羽化，防治时喷80%敌敌畏乳油1000倍液，同时可兼杀天牛成虫

(续)

时间	物候期	主要工作
9~10月	营养积累期	1. 按前述方法防治霜霉病 2. 喷20%粉锈宁1500~2000倍液，每隔10天喷1次，防治葡萄锈病 3. 发现二星叶蝉为害时，可喷40%氧化乐果1500倍液防治 4. 喷布40%氧化乐果乳油1000倍液，防治红蜘蛛
11月	落叶期	1. 施基肥，每亩施农家肥或垃圾土3000~5000kg，结合每株施1kg速效肥 2. 深翻改土，结合施基肥时进行
12月	休眠期	1. 整形修剪 2. 清园，收集病枝、枯枝落叶，集中烧毁，并喷5波美度石硫合剂消毒 3. 修整棚架 4. 栽植，篱架株距1.5~2.5m，行距2.5~3m；小棚架株距1~2m，行距5~6m；大棚架株距2~3m，行距8m

附录 H 常用计量单位名称与符号对照表

量的名称	单位名称	单位符号
长度	千米	km
	米	m
	厘米	cm
	毫米	mm
	微米	μm
面积	公顷	ha
	平方千米（平方公里）	km^2
	平方米	m^2

(续)

量的名称	单位名称	单位符号
体积	立方米	m^3
	升	L
	毫升	mL
质量	吨	t
	千克(公斤)	kg
	克	g
	毫克	mg
物质的量	摩尔	mol
时间	小时	h
	分	min
	秒	s
温度	摄氏度	℃
平面角	度	(°)
能量,热量	兆焦	MJ
	千焦	kJ
	焦[耳]	J
功率	瓦[特]	W
	千瓦[特]	kW
电压	伏[特]	V
压力,压强	帕[斯卡]	Pa
电流	安[培]	A

参考文献

[1] 王田利. 我国葡萄栽培现状及发展建议 [J]. 河北果树, 2014 (6): 1-3.
[2] 马爱红, 郭紫娟, 李海山, 等. 我国葡萄产业发展概况 [J]. 河北农业科学, 2009 (12): 6-9.
[3] 李辉. 葡萄栽培中存在的问题及对策 [J]. 南方农业, 2016 (21): 60, 63.
[4] 唐亚峰. 葡萄种植产业的现状、趋势与发展对策 [J]. 农民致富之友, 2015 (10): 130.
[5] 刘凤之. 中国葡萄栽培现状与发展趋势 [J]. 落叶果树, 2017 (1): 1-4.
[6] 田智硕, 樊秀彩, 姜建福, 等. 常见葡萄品种别名介绍 [J]. 北方园艺, 2012 (5): 188-190.
[7] 中华人民共和国农业部. 葡萄技术100问 [M]. 北京: 中国农业出版社, 2009.
[8] 张凤珍, 姜有, 孙忠义. 葡萄栽培管理技术 [J]. 吉林农业, 2011 (10): 104.
[9] 郑伟. 葡萄栽培管理"五忌" [J]. 吉林农业, 2006 (1): 19.
[10] 赵胜建. 葡萄精细管理十二个月 [M]. 北京: 中国农业出版社, 2009.
[11] 刘志民, 马焕普. 优质葡萄无公害生产关键技术问答 [M]. 北京: 中国林业出版社, 2008.
[12] 霍兆志. 葡萄栽培管理中存在的几个误区 [J]. 河北林业科技, 2011 (3): 86.
[13] 徐钰英. 葡萄栽培管理中的三个误区 [J]. 农业实用科技信息, 2006 (2): 12.
[14] 王鹏, 吕中伟, 许领军. 葡萄避雨栽培技术 [M]. 北京: 化学工业出版社, 2011.
[15] 萨拉麦提·吐尔孙. 葡萄栽培技术 [J]. 农村科技, 2010 (10): 47-48.
[16] 徐海英, 闫爱玲, 张国军. 葡萄标准化栽培 [M]. 北京: 中国农业出版社, 2007.
[17] 刘湘江. 葡萄栽培技术的改进与简化 [J]. 新疆农垦科技, 2008 (3): 18-19.
[18] 王华新. 南方鲜食葡萄优质高效栽培技术 [M]. 北京: 中国农业出版社, 2006.
[19] 张怀骞. 葡萄栽培技术及管理 [J]. 民营科技, 2011 (8): 222.
[20] 邓建平. 南方葡萄避雨栽培技术 [M]. 北京: 中国农业大学出版社, 2008.
[21] 李正强. 葡萄栽培新技术 [J]. 农技服务, 2011, 28 (1): 94.
[22] 温景辉. 葡萄新品种与栽培技术 [M]. 长春: 吉林科学技术出版社, 2007.
[23] 赵春梅, 马卫华. 葡萄栽培与管理 [J]. 山西农业, 2004 (8): 15.
[24] 吕湛, 郝永红, 卢粉兰. 葡萄高产优质栽培与气象 [M]. 北京: 气象出版社, 2009.
[25] 江剑民. 葡萄栽培与整形修剪 [J]. 安徽林业科技, 2006 (1): 36.

[26] 赵常青，吕义，刘景奇. 无公害鲜食葡萄规范化栽培［M］. 北京：中国农业出版社，2007.
[27] 张一萍，孟玉平. 葡萄整形修剪图解［M］. 北京：金盾出版社，2005.
[28] 马文俊，马福云. 葡萄栽培中后期管理措施［J］. 农村科技，2008（10）：61.
[29] 张开春. 图解葡萄整形修剪［M］. 北京：中国农业出版社，2004.
[30] 李华，王华，房玉林，等. 我国葡萄栽培气候区划研究（Ⅰ）［J］. 科技导报，2007（18）：63-68.
[31] 刘学文，等. 葡萄无公害生产技术［M］. 北京：中国农业出版社，2003.
[32] 刘兵. 无核葡萄栽培技术［J］. 农技服务，2011，28（8）：1200-1201.
[33] 徐海英. 葡萄产业配套栽培技术［M］. 北京：中国农业出版社，2001.
[34] 巴合提·夏开. 鲜食葡萄栽培技术［J］. 农村科技，2010（7）：71-72.
[35] 徐学华. 植物生长调节剂在葡萄栽培上的合理应用［J］. 科技风，2008（17）：54.
[36] 卜庆雁，周晏起. 葡萄优质高效生产技术［M］. 北京：化学工业出版社，2012.
[37] 王江柱，赵胜建，解金斗. 葡萄高效栽培与病虫害看图防治［M］. 北京：化学工业出版社，2011.
[38] 尹克林. 葡萄品种分类及命名［J］. 中外葡萄与葡萄酒，2000（4）：63-65.
[39] 张晓莹，宋长年，房经贵，等. 赤霉素的生物合成及其在葡萄栽培上的应用［J］. 浙江农业科学，2011（5）：1015-1018.
[40] 石雪晖. 葡萄优质丰产周年管理技术［M］. 北京：中国农业出版社，2002.
[41] 李华，王华，房玉林，等. 我国葡萄栽培气候区划研究（Ⅱ）［J］. 科技导报，2007（18）：57-64.
[42] 高必财. 葡萄栽培管理技术［J］. 西南园艺，2003，31（4）：12-13.

ISBN：978-7-111-55670-1
定价：49.80 元

ISBN：978-7-111-55397-7
定价：29.80 元

ISBN：978-7-111-47629-0
定价：19.80 元

ISBN：978-7-111-47467-8
定价：22.80 元

ISBN：978-7-111-57263-3
定价：39.80 元

ISBN：978-7-111-46958-2
定价：25.00 元

ISBN：978-7-111-56476-8
定价：39.80 元

ISBN：978-7-111-46517-1
定价：25.00 元

ISBN：978-7-111-46518-8
定价：22.80 元

ISBN：978-7-111-52460-1
定价：26.80 元

ISBN：978-7-111-56878-0

定价：25.00 元

ISBN：978-7-111-52107-5

定价：25.00 元

ISBN：978-7-111-47182-0

定价：22.80 元

ISBN：978-7-111-51132-8

定价：25.00 元

ISBN：978-7-111-49856-8

定价：22.80 元

ISBN：978-7-111-50436-8

定价：25.00 元

ISBN：978-7-111-51607-1

定价：23.80 元

ISBN：978-7-111-52935-4

定价：26.80 元

ISBN：978-7-111-56047-0

定价：25.00 元

ISBN：978-7-111-54710-5

定价：25.00 元